建筑工程施工与验收系列手册

砌体工程施工与验收手册

朱维益　主编

中国建筑工业出版社

图书在版编目(CIP)数据

砌体工程施工与验收手册/朱维益主编. —北京：中国建筑工业出版社，2005
 (建筑工程施工与验收系列手册)
 ISBN 7-112-07767-2

Ⅰ. 砌… Ⅱ. 朱… Ⅲ. ①砌块结构—工程施工—手册②砌块结构—工程验收—手册 Ⅳ. TU754-62

中国版本图书馆 CIP 数据核字(2005)第 109038 号

建筑工程施工与验收系列手册

砌体工程施工与验收手册

朱维益　主编

*

中国建筑工业出版社出版、发行(北京西郊百万庄)
新 华 书 店 经 销
北京天成排版公司制版
北京蓝海印刷有限公司印刷

*

开本：787×1092 毫米　1/16　印张：5¼　字数：130 千字
2005 年 11 月第一版　2005 年 11 月第一次印刷
印数：1—3500 册　定价：**16.00 元**
<u>ISBN 7-112-07767-2</u>
(13721)

版权所有　翻印必究
如有印装质量问题，可寄本社退换
(邮政编码 100037)

本社网址：http://www.cabp.com.cn
网上书店：http://www.china-building.com.cn

本书主要叙述砌体工程施工要点及验收。包括砌筑砂浆、砖砌体工程、混凝土小型空心砌块砌体工程、石砌体工程、配筋砌体工程、加气混凝土砌块砌体工程、砌体工程冬期施工、砌体工程质量验收等。

本书内容遵循《砌体工程施工质量验收规范》(GB 50203—2002)及其他有关国家标准。

本书读者对象：广大建筑工程施工及管理人员、高等及中等建筑类院校师生。

* * *

责任编辑：周世明
责任设计：刘向阳
责任校对：李志瑛　王金珠

目 录

1 砌筑砂浆 ………………………………… 1
　1-1 砌筑砂浆材料要求 ………………… 1
　1-2 砌筑砂浆技术条件 ………………… 2
　1-3 砌筑砂浆配合比
　　　计算与确定 ……………………… 2
　　1-3-1 水泥混合砂浆配合比计算 …… 2
　　1-3-2 水泥砂浆配合比选用 ………… 4
　　1-3-3 砌筑砂浆配合比计算举例 …… 4
　　1-3-4 配合比试配、调整与确定 …… 4
　1-4 砂浆的拌制及使用 ………………… 5
　1-5 砂浆稠度和分层度试验 …………… 5
　　1-5-1 砂浆稠度试验 ………………… 5
　　1-5-2 砂浆分层度试验 ……………… 6
　1-6 试块抽样及强度评定 ……………… 6
　1-7 砂浆强度增长关系 ………………… 7
2 砖砌体工程 ……………………………… 9
　2-1 砌筑用砖 …………………………… 9
　　2-1-1 烧结普通砖 …………………… 9
　　2-1-2 烧结多孔砖 …………………… 11
　　2-1-3 烧结空心砖 …………………… 13
　　2-1-4 蒸压灰砂砖 …………………… 15
　　2-1-5 蒸压灰砂空心砖 ……………… 16
　　2-1-6 粉煤灰砖 ……………………… 18
　　2-1-7 煤渣砖 ………………………… 19
　2-2 砌砖前准备 ………………………… 21
　2-3 砖基础砌筑 ………………………… 21
　2-4 砖墙砌筑 …………………………… 23
　　2-4-1 普通砖墙 ……………………… 23
　　2-4-2 多孔砖墙 ……………………… 26
　　2-4-3 空心砖墙 ……………………… 28
　2-5 砖柱砌筑 …………………………… 29
　2-6 砖垛砌筑 …………………………… 30
　2-7 砖过梁砌筑 ………………………… 31
　　2-7-1 砖平拱过梁 …………………… 31
　　2-7-2 钢筋砖过梁 …………………… 31
　2-8 砖砌体工程质量 …………………… 32
　　2-8-1 砖砌体工程主控项目 ………… 32
　　2-8-2 砖砌体工程一般项目 ………… 33
　2-9 空心砖砌体工程质量 ……………… 34
　　2-9-1 空心砖砌体工程主控项目 …… 34
　　2-9-2 空心砖砌体工程一般项目 …… 34
3 混凝土小型空心砌块砌体工程 ………… 36
　3-1 砌筑用小砌块 ……………………… 36
　　3-1-1 普通混凝土小型空心砌块 …… 36
　　3-1-2 轻骨料混凝土小型空心砌块 … 37
　　3-1-3 小砌块砌筑砂浆 ……………… 39
　　3-1-4 小砌块灌孔混凝土 …………… 40
　3-2 混凝土小型空心砌块
　　　砌体构造 ………………………… 41
　　3-2-1 一般构造要求 ………………… 41
　　3-2-2 芯柱设置 ……………………… 42
　　3-2-3 抗震构造措施 ………………… 43
　3-3 混凝土小型空心砌块
　　　砌体施工 ………………………… 45
　　3-3-1 施工准备 ……………………… 45
　　3-3-2 砌筑要点 ……………………… 45
　　3-3-3 芯柱施工 ……………………… 47
　3-4 混凝土小型空心砌块砌体
　　　工程质量 ………………………… 47
　　3-4-1 普通混凝土小型空心砌块
　　　　　砌体工程主控项目 …………… 47
　　3-4-2 普通混凝土小型空心砌块
　　　　　砌体工程一般项目 …………… 48
　　3-4-3 轻骨料混凝土小型空心砌
　　　　　块砌体工程主控项目 ………… 48
　　3-4-4 轻骨料混凝土小型空心砌
　　　　　块砌体工程一般项目 ………… 49
4 石砌体工程 ……………………………… 50
　4-1 砌筑用石材 ………………………… 50

4-2　石砌体工程施工 …………… 50
　　　　4-2-1　毛石砌体施工 ………… 50
　　　　4-2-2　料石砌体施工 ………… 52
　　4-3　石砌体工程质量 …………… 54
　　　　4-3-1　石砌体工程主控项目 … 54
　　　　4-3-2　石砌体工程一般项目 … 55
5　配筋砌体工程 ………………………… 57
　　5-1　配筋砖砌体 ………………… 57
　　　　5-1-1　网状配筋砖砌体 ……… 57
　　　　5-1-2　砖砌体和钢筋混凝土面层或钢筋
　　　　　　　砂浆面层组合砌体 …… 58
　　　　5-1-3　砖砌体和钢筋混凝土
　　　　　　　构造柱组合墙 ………… 59
　　5-2　配筋砌块砌体 ……………… 60
　　　　5-2-1　配筋砌块剪力墙 ……… 60
　　　　5-2-2　配筋砌块柱 …………… 61
　　5-3　配筋砌体工程质量 ………… 62
　　　　5-3-1　配筋砌体工程主控项目 … 62
　　　　5-3-2　配筋砌体工程一般项目 … 62
6　加气混凝土砌块砌体工程 ………… 64
　　6-1　砌筑用加气混凝土砌块 …… 64
　　6-2　加气混凝土砌块砌体构造 … 66
　　6-3　加气混凝土砌块墙砌筑 …… 68

　　6-4　加气混凝土砌块砌体
　　　　工程质量 ……………………… 69
　　　　6-4-1　加气混凝土砌块砌体工程
　　　　　　　主控项目 ……………… 69
　　　　6-4-2　加气混凝土砌块砌体工程
　　　　　　　一般项目 ……………… 70
7　砌体工程冬期施工 ………………… 71
　　7-1　冬期施工一般规定 ………… 71
　　7-2　砌体工程冬期施工法 ……… 71
　　　　7-2-1　外加剂法 ……………… 71
　　　　7-2-2　冻结法 ………………… 72
　　　　7-2-3　暖棚法 ………………… 73
8　砌体工程质量验收 ………………… 74
　　8-1　砌体工程分部分项 ………… 74
　　8-2　砌体工程质量合格标准 …… 74
　　8-3　砌体工程质量验收程序
　　　　和组织 ………………………… 75
　　　　8-3-1　检验批质量验收 ……… 75
　　　　8-3-2　分项工程质量验收 …… 75
　　　　8-3-3　子分部工程质量验收 … 76
主要参考文献 …………………………… 78

1 砌 筑 砂 浆

1-1 砌筑砂浆材料要求

砂浆是由胶结料、细骨料、掺加料和水配制而成的。砌筑砂浆是指将砖、石、砌块等粘结成为砌体的砂浆。

砌筑砂浆的品种有水泥砂浆、水泥混合砂浆等。水泥砂浆是由水泥、细骨料和水配制成的砂浆。水泥混合砂浆是由水泥、细骨料、掺加料和水配制成的砂浆。细骨料采用砂；掺加料采用石灰膏、粉煤灰、粘土膏、电石膏等。为改善砂浆性能，砌筑砂浆中可掺入适量外加剂。

砌筑砂浆材料要求：

1. 水泥：水泥可采用硅酸盐水泥、普通硅酸盐水泥、矿渣硅酸盐水泥、火山灰质硅酸盐水泥、粉煤灰硅酸盐水泥等。水泥砂浆采用的水泥，其强度等级不宜大于32.5级；水泥混合砂浆采用的水泥，其强度等级不宜大于42.5级。

2. 砂：砌筑砂浆用砂宜选用中砂，其中毛石砌体宜选用粗砂。砂的含泥量不应超过5%，强度等级为M2.5的水泥混合砂浆，砂的含泥量不应超过10%。

3. 石灰膏：用生石灰熟化成石灰膏时，应用孔径不大于3mm×3mm的网过滤，熟化时间不得少于7d；用建筑生石灰粉熟化成石灰膏时，熟化时间不得少于2d。沉淀池中贮存的石灰膏，应采取防止干燥、冻结和污染的措施。严禁使用脱水硬化的石灰膏。

4. 粘土膏：用黏土或亚黏土制备黏土膏时，宜用搅拌机加水搅拌，通过孔径不大于3mm×3mm的网过筛。用比色法鉴定黏土中的有机物含量时应浅于标准色。

5. 电石膏：制作电石膏的电石渣应用孔径不大于3mm×3mm的网过滤，检验时应加热至70℃并保持20min，没有乙炔气味后，方可使用。

6. 粉煤灰：拌制砌筑砂浆时，作掺合料的粉煤灰成品应满足表1-1的要求。

粉煤灰成品各项指标要求　　　表1-1

序	指　　　标		级　别		
			Ⅰ	Ⅱ	Ⅲ
1	细度(0.045mm方孔筛筛余)(%)	不大于	12	20	45
2	需水量比(%)	不大于	95	105	115
3	烧失量(%)	不大于	5	8	15
4	含水量(%)	不大于	1	1	—
5	三氧化硫(%)	不大于	3	3	3

7. 水：应采用符合国家标准的生活饮用水。地表水和地下水首次使用前，应按《混

凝土拌合用水标准》规定进行检验。

8. 外加剂：外加剂应具有法定检测机构出具的该产品砌体强度型式检验报告，并经砂浆性能试验合格后，方可使用。

1-2 砌筑砂浆技术条件

砌筑砂浆的强度等级分有 M20、M15、M10、M7.5、M5、M2.5。

水泥砂浆拌合物的密度不宜小于 1900kg/m³；水泥混合砂浆拌合物的密度不宜小于 1800kg/m³。

砌筑砂浆的稠度、分层度、试配抗压强度必须同时符合要求。

砌筑砂浆的稠度应按表 1-2 的规定选用。

砌筑砂浆的稠度　　　　　　表 1-2

项次	砌体种类	砂浆稠度（mm）
1	烧结普通砖砌体	70～90
2	轻骨料混凝土小型砌块砌体	60～90
3	烧结多孔砖、空心砖砌体	60～80
4	烧结普通砖平拱式过梁 空斗墙、筒拱 普通混凝土小型空心砌块砌体 加气混凝土砌块砌体	50～70
5	石砌体	30～50

砌筑砂浆的分层度不得大于 30mm。

具有冻融循环次数要求的砌筑砂浆，经冻融试验后，质量损失率不得大于 5%，抗压强度损失率不得大于 25%。

1-3 砌筑砂浆配合比计算与确定

1-3-1 水泥混合砂浆配合比计算

水泥混合砂浆配合比的确定，应按下列步骤进行：

1. 计算砂浆试配强度 $f_{m,o}$

砂浆的试配强度应按下式计算：

$$f_{m,o} = f_2 + 0.645\sigma$$

式中　$f_{m,o}$——砂浆的试配强度，精确至 0.1MPa；
　　　f_2——砂浆抗压强度平均值，精确至 0.1MPa；
　　　σ——砂浆现场强度标准差，精确至 0.01MPa。

砌筑砂浆现场强度标准差的确定应符合下列规定：

(1) 当有统计资料时，应按下式计算：

$$\sigma = \sqrt{\frac{\sum_{i=1}^{n} f_{m,i}^2 - n\mu_{f_m}^2}{n-1}}$$

式中 $f_{m,i}$——统计周期内同一品种砂浆第 i 组试件的强度,MPa;
　　μ_{f_m}——统计周期内同一品种砂浆 n 组试件强度的平均值,MPa;
　　n——统计周期内同一品种砂浆试件的总组数,$n \geq 25$。

(2) 当不具有近期统计资料时,砂浆现场强度标准差 σ 可按表 1-3 取用。

砂浆强度标准差 σ 选用值(MPa)　　　　　　　　表 1-3

施工水平 \ 砂浆强度等级	M2.5	M5	M7.5	M10	M15	M20
优良	0.50	1.00	1.50	2.00	3.00	4.00
一般	0.62	1.25	1.88	2.50	3.75	5.00
较差	0.75	1.50	2.25	3.00	4.50	6.00

2. 计算水泥用量 Q_C

每立方米砂浆中的水泥用量,应按下式计算:

$$Q_C = \frac{1000(f_{m,o} - \beta)}{\alpha \times f_{ce}}$$

式中 Q_C——每立方米砂浆的水泥用量,精确至 1kg;
　　$f_{m,o}$——砂浆的试配强度,精确至 0.1MPa;
　　f_{ce}——水泥的实测强度,精确至 0.1MPa;
　　α——砂浆的特征系数,$\alpha = 3.03$;
　　β——砂浆的特征系数,$\beta = -15.09$。

在无法取得水泥的实测强度值,可按下式计算 f_{ce}:

$$f_{ce} = r_c \times f_{ce,k}$$

式中 $f_{ce,k}$——水泥强度等级对应的强度值;
　　r_c——水泥强度等级值的富余系数,该值应按实际统计资料确定。无统计资料时 r_c 可取 1.0。

3. 计算掺加料用量 Q_D

水泥混合砂浆的掺加料用量应按下式计算:

$$Q_D = Q_A - Q_C$$

式中 Q_D——每立方米砂浆的掺加料用量,精确至 1kg;
　　Q_C——每立方米砂浆的水泥用量,精确至 1kg;
　　Q_A——每立方米砂浆中水泥和掺加料的总量,精确至 1kg;宜在 300~350kg 之间。

4. 确定砂用量 Q_S

每立方米砂浆中的砂用量,应按干燥状态(含水率小于 0.5%)的堆积密度值作为计算值。

5. 选用用水量 Q_W

每立方米砂浆中的用水量,根据砂浆稠度等要求可选用 240~310kg。
水泥混合砂浆中的用水量,不包括石灰膏或黏土膏中的水。
当采用细砂或粗砂时,用水量分别取上限或下限。
砂浆稠度小于 70mm 时,用水量可小于下限。

施工现场气候炎热或干燥季节，可酌量增加用水量。

1-3-2 水泥砂浆配合比选用

水泥砂浆材料用量可按表1-4选用。

每立方米水泥砂浆材料用量　　　　　　　　　　表1-4

强度等级	每立方米砂浆水泥用量(kg)	每立方米砂浆的砂用量(kg)	每立方米砂浆用水量(kg)
M2.5～M5	200～230	$1m^3$ 砂的堆积密度值	270～330
M7.5～M10	220～280		
M15	280～340		
M20	340～400		

注：1. 此表水泥强度等级为32.5级，大于32.5级水泥用量宜取下限；
　　2. 根据施工水平合理选择水泥用量；
　　3. 当采用细砂或粗砂时，用水量分别取上限或下限；
　　4. 稠度小于70mm时，用水量可小于下限；
　　5. 施工现场气候炎热或干燥季节，可酌量增加用水量。

1-3-3 砌筑砂浆配合比计算举例

试计算水泥石灰砂浆配合比。砂浆强度等级为M5，水泥强度等级为42.5级；中砂，砂的堆积密度为$1450kg/m^3$，砂的含水率为2%，施工水平一般。

1. 计算砂浆试配强度 $f_{m,o}$
$$f_{m,o}=f_2+0.645\sigma=5+0.645\times1.25=5.8MPa$$

2. 计算水泥用量 Q_C
$$Q_C=\frac{1000(f_{m,o}-\beta)}{\alpha\times f_{ce}}=\frac{1000(5.8+15.09)}{3.03\times42.5}=162kg$$

3. 计算石灰膏用量 Q_D
$$Q_D=Q_A-Q_C=320-162=158kg$$

4. 确定砂用量 Q_S
$$Q_S=1450\times(1+0.02)=1479kg$$

5. 选定用水量 Q_W

选定用水量为270kg。

6. 砂浆配合比为：水泥：石灰膏：砂：水＝162：158：1479：270＝1：0.97：9.13：1.67。

1-3-4 配合比试配、调整与确定

砌筑砂浆试配时应采用工程中实际使用的材料。

砂浆试配时应采用机械搅拌。搅拌时间，应自投料结束算起，并应符合下列规定：

1. 对水泥砂浆和水泥混合砂浆，不得少于120s；
2. 对掺用粉煤灰和外加剂的砂浆，不得少于180s。

按计算所得配合比进行试拌时，应测定其拌合物的稠度和分层度，当不能满足要求时，应调整材料用量，直到符合要求为止。然后确定为试配时的砂浆基准配合比。

试配时至少应采用三个不同的配合比，其中一个为基准配合比，其他配合比的水泥用量应按基准配合比分别增加及减少10%。在保证稠度、分层度合格的条件下，可将用水量或掺加料用量作相应调整。

对三个不同的配合比进行调整后，应按现行行业标准《建筑砂浆基本性能试验方法》JGJ 70 的规定成型试件，测定砂浆强度；并选定符合试配强度要求的且水泥用量最低的配合比作为砂浆配合比。

1-4　砂浆的拌制及使用

砂浆现场拌制时，各组分材料应采用重量计算。

砌筑砂浆应采用砂浆搅拌机进行拌制。

砂浆搅拌机按搅拌方式分有立轴强制搅拌、单卧轴强制搅拌；按卸料方式分有活门卸料、倾翻卸料；按移动方式分有固定式、移动式。常用砂浆搅拌机主要技术性能见表1-5。

砂浆搅拌机主要技术性能　　　　表1-5

型　式		卧轴移动式			卧轴固定式		立轴固定式
型号		UJZ150	UJZ200	UJZ325	UJ100	UJ200	JHJ200
容量(L)		150	200	325	100	200	200
搅拌轴转速(r/min)		34	25～30	30	27	25～30	50
每次搅拌时间(min)		1.5～2	1.5～2	1.5～2	1.5～2	1.5～2	2～3
卸料方式		倾翻式	倾翻式	活门式	倾翻式	倾翻式	活门式
生产率(m³/h)			3	6		3	
电动机	型号	Y100L2-4	Y100L2-4	Y112M-4	Y112-M6	Y100L2-4	Y100L2-4
	功率(kW)	3	3	4	2.2	3	3
	转速(r/min)	1420	1420	1440	940	1420	1420
外形尺寸(mm)	长	1950	2280	2200	1800	1730	1200
	宽	1650	1100	1492	877	880	940
	高	1750	1300	1350	779	900	860
质量(kg)		600	600	750	500	500	600

注：砂浆搅拌机生产厂众多，主要性能参数相同，尺寸、质量等稍有差异。

搅拌时间，自投料完算起应符合下列规定：

1. 水泥砂浆和水泥混合砂浆不得少于 2min；
2. 水泥粉煤灰砂浆和掺用外加剂的砂浆不得少于 3min；
3. 掺用有机塑化剂的砂浆，应为 3～5min。

砂浆拌成后和使用时，均应盛入贮灰器中。如砂浆出现泌水现象，应在砌筑前再次拌合。

砂浆应随拌随用。水泥砂浆和水泥混合砂浆应分别在3h和4h内使用完毕；当施工期间最高气温超过 30℃时，应分别在拌成后 2h 和 3h 内使用完毕。对掺用缓凝剂的砂浆，其使用时间可根据具体情况按上述时限延长。

1-5　砂浆稠度和分层度试验

1-5-1　砂浆稠度试验

砂浆稠度试验是确定配合比或施工过程中控制砂浆的稠度，以达到控制用水量为目的。

稠度试验所用仪器有砂浆稠度仪、钢制捣棒、秒表等。砂浆稠度仪由试锥、容器和支座三部分组成(图1-1)。

砂浆稠度试验应按下列步骤进行：

1. 盛浆容器和试锥表面用湿布擦干净，并用少量润滑油轻擦滑杆，后将滑杆上多余的油用吸油纸擦净，使滑杆能自由滑动；

2. 将砂浆一次装入容器，使砂浆表面低于容器口约10mm左右，用捣棒自容器中心向边缘插捣25次，然后轻轻地将容器摇动或敲击5～6下，使砂浆表面平整，随后将容器置于稠度测定仪的底座上；

3. 拧开试锥滑杆的制动螺丝，向下移动滑杆，当试锥尖端与砂浆表面刚接触时，拧紧制动螺丝，使齿条测杆下端刚接触滑杆上端，并将指针对准零点上；

4. 拧开制动螺丝，同时计时间，待10s立即固定螺丝，将齿条测杆下端接触滑杆上端，从刻度盘上读出下沉深度(精确至1mm)即为砂浆的稠度值；

5. 圆锥形容器内的砂浆，只允许测定一次稠度，重复测定时，应重新取样测定。

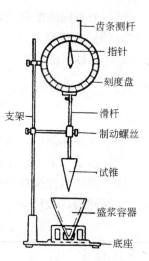

图1-1 砂浆稠度测定仪

砂浆稠度试验结果应按下列要求处理：

1. 取两次试验结果的算术平均值，计算值精确至1mm；
2. 两次试验值之差如大于20mm，则应另取砂浆搅拌后重新测定。

1-5-2 砂浆分层度试验

砂浆分层度试验是测定砂浆在运输及停放时内部组分的稳定性。

分层度试验所用仪器有砂浆分层度筒、砂浆稠度仪、木锤等。砂浆分层度筒由上、下两节组成(图1-2)。

砂浆分层度试验应按下列步骤进行：

1. 首先将砂浆按前述稠度试验方法测定砂浆稠度；

2. 将砂浆一次装入分层度筒内，待装满后，用木锤在容器周围距离大致相等的四个不同地方轻轻敲击1～2下，如砂浆沉落到低于筒口，则应随时添加，然后刮去多余的砂浆并用抹刀抹平；

3. 静置30min后，去掉上节200mm砂浆，剩余的100mm砂浆倒出放在拌合锅内拌2min，再按前述稠度试验方法测其稠度。前后测得的稠度之差即为该砂浆的分层度值。

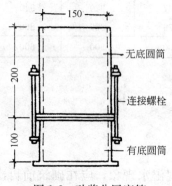

图1-2 砂浆分层度筒

砂浆分层度试验结果应按下列要求处理：

1. 取两次试验结果的算术平均值作为该砂浆的分层度值；
2. 两次分层度试验值之差如大于20mm，应重做试验。

1-6 试块抽样及强度评定

砂浆试块抽样方法：在砂浆搅拌机出料口随机取样制作砂浆试块，同盘砂浆只应制作一组试块。

砂浆试块抽检数量：每一检验批且不超过 250m³ 砌体的各种类型及强度等级的砌筑砂浆，每台搅拌机应至少抽检一次。

砂浆强度应以标准养护、龄期为 28d 的试块抗压试验结果为准。

砌筑砂浆试块强度验收时其强度合格标准必须符合以下规定：

1. 同一验收批砂浆试块抗压强度平均值必须大于或等于设计强度等级所对应的立方体抗压强度；同一验收批砂浆试块抗压强度的最小一组平均值必须大于或等于设计强度等级所对应的立方体抗压强度的 0.75 倍。

2. 砌筑砂浆的验收批，同一类型、强度等级的砂浆试块应不少于 3 组。当同一验收批只有一组试块时，该组试块抗压强度的平均值必须大于或等于设计强度等级所对应的立方体抗压强度。

当施工中或验收时出现下列情况，可采用现场检验方法对砂浆和砌体强度进行原位检测或取样检测，并判定其强度：

1. 砂浆试块缺乏代表性或试块数量不足；
2. 对砂浆试块的试验结果有怀疑或有争议；
3. 砂浆试块的试验结果，不能满足设计要求。

1-7 砂浆强度增长关系

普通硅酸盐水泥拌制的砂浆的强度增长关系见表 1-6。

用原 325 号、425 号普通硅酸盐水泥拌制的砂浆强度增长关系　　表 1-6

龄期(d)	不同温度下的砂浆强度百分率（以在 20℃时养护 28d 的强度为 100%）							
	1℃	5℃	10℃	15℃	20℃	25℃	30℃	35℃
1	4	6	8	11	15	19	23	25
3	18	25	30	36	43	48	54	60
7	38	46	54	62	69	73	78	82
10	46	55	64	71	78	84	88	92
14	50	61	71	78	85	90	94	98
21	55	67	76	85	93	96	102	104
28	59	71	81	92	100	104	—	—

矿渣硅酸盐水泥拌制的砂浆的强度增长关系见表 1-7 及表 1-8。

用原 325 号矿渣硅酸盐水泥拌制的砂浆强度增长关系　　表 1-7

龄期(d)	不同温度下的砂浆强度百分率（以在 20℃时养护 28d 的强度为 100%）							
	1℃	5℃	10℃	15℃	20℃	25℃	30℃	35℃
1	3	4	5	6	8	11	15	18
3	8	10	13	19	30	40	47	52
7	19	25	33	45	59	64	69	74
10	26	34	44	57	69	75	81	88

续表

龄期 (d)	不同温度下的砂浆强度百分率(以在20℃时养护28d的强度为100%)							
	1℃	5℃	10℃	15℃	20℃	25℃	30℃	35℃
14	32	43	54	66	79	87	93	98
21	39	48	60	74	90	96	100	102
28	44	53	65	83	100	104	—	—

用原425号矿渣硅酸盐水泥拌制的砂浆强度增长关系　　表1-8

龄期 (d)	不同温度下的砂浆强度百分率(以在20℃时养护28d的强度为100%)							
	1℃	5℃	10℃	15℃	20℃	25℃	30℃	35℃
1	3	4	6	8	11	15	19	22
3	12	18	24	31	39	45	50	56
7	28	37	45	54	61	68	73	77
10	39	47	54	63	72	77	82	86
14	46	55	62	72	82	87	91	95
21	51	61	70	82	92	96	100	104
28	55	66	75	89	100	104	—	—

2 砖砌体工程

2-1 砌筑用砖

2-1-1 烧结普通砖

烧结普通砖是以黏土、页岩、煤矸石、粉煤灰为主要原料经焙烧而成的实心砖。

烧结普通砖按主要原料分为黏土砖、页岩砖、煤矸石砖和粉煤灰砖。

烧结普通砖根据抗压强度分为 MU30、MU25、MU20、MU15、MU10 五个强度等级。

强度和抗风化性能合格的砖,根据尺寸偏差、外观质量、泛霜和石灰爆裂分为优等品、一等品、合格品三个质量等级。优等品适用于清水墙,一等品、合格品可用于混水墙。

烧结普通砖的外形为直角六面体,其公称尺寸为:长 240mm,宽 115mm,高 53mm。配砖规格为 175mm×115mm×53mm。

烧结普通砖的尺寸偏差应符合表 2-1 的规定。

烧结普通砖尺寸允许偏差(mm) 表 2-1

公称尺寸	优等品		一等品		合格品	
	样本平均偏差	样本极差≤	样本平均偏差	样本极差≤	样本平均偏差	样本极差≤
240	±2.0	8	±2.5	8	±3.0	8
115	±1.5	6	±2.0	6	±2.5	7
53	±1.5	4	±1.5	5	±2.0	6

注:样本平均偏差是 20 块试样同一方向测量尺寸的算术平均值减去其公称尺寸的差值。样本极差是抽检的 20 块试样中同一方向最大测量值与最小测量值之差值。

烧结普通砖的外观质量应符合表 2-2 的规定。

烧结普通砖外观质量(mm) 表 2-2

项 目		优等品	一等品	合格品
两条面高度差	不大于	2	3	4
弯曲	不大于	2	3	4
杂质凸出高度	不大于	2	3	4
缺棱掉角的三个破坏尺寸	不得同时大于	5	20	30
裂纹长度	不大于			
a. 大面上宽度方向及其延伸至条面的长度		30	60	80
b. 大面上长度方向及其延伸至顶面的长度或条顶面上水平裂纹的长度		50	80	100

续表

项　　目		优等品	一等品	合格品
完整面	不得少于	二条面和二顶面	一条面和一顶面	—
颜色		基本一致	—	—

注：1. 为装饰面施加的色差、凹凸纹、拉毛、压花等不算作缺陷。
  2. 凡有下列缺陷之一者，不得称为完整面：
    a. 缺损在条面或顶面上造成的破坏面尺寸同时大于 10mm×10mm。
    b. 条面或顶面上裂纹宽度大于 1mm，其长度超过 30mm。
    c. 压陷、粘底、焦花在条面或顶面上的凹陷或凸出超过 2mm，区域尺寸同时大于 10mm×10mm。

烧结普通砖强度应符合表 2-3 规定。

烧结普通砖强度（MPa）　　　　表 2-3

强　度　等　级	抗压强度平均值 $\bar{f} \geq$	变异系数 $\delta \leq 0.21$	变异系数 $\delta > 0.21$
		强度标准值 $f_k \geq$	单块最小抗压强度值 $f_{min} \geq$
MU30	30.0	22.0	25.0
MU25	25.0	18.0	22.0
MU20	20.0	14.0	16.0
MU15	15.0	10.0	12.0
MU10	10.0	6.5	7.5

  烧结普通砖抗风化性能应符合表 2-4 规定。风化区划分见表 2-5。严重风化区中的 1、2、3、4、5 地区的砖必须进行冻融试验，其他地区的砖能符合表 2-4 规定时可不做冻融试验，否则，必须进行冻融试验。冻融试验后，每块砖样不允许出现裂纹、分层、掉皮、缺棱、掉角等冻坏现象；质量损失不得大于 2%。

烧结普通砖抗风化性能　　　　表 2-4

项目 砖种类	严重风化区				非严重风化区			
	5h沸煮吸水率(%)≤		饱和系数≤		5h沸煮吸水率(%)≤		饱和系数≤	
	平均值	单块最大值	平均值	单块最大值	平均值	单块最大值	平均值	单块最大值
黏土砖	18	20	0.85	0.87	19	20	0.88	0.90
粉煤灰砖	21	23	0.85	0.87	23	25	0.88	0.90
页岩砖	16	18	0.74	0.77	18	20	0.78	0.80
煤矸石砖	16	18	0.74	0.77	18	20	0.78	0.80

注：粉煤灰掺入量（体积比）小于 30% 时，抗风化指标按粘土砖规定。

风化区划分　　　　表 2-5

严重风化区		非严重风化区	
1. 黑龙江省	4. 内蒙古自治区	1. 山东省	4. 江苏省
2. 吉林省	5. 新疆维吾尔自治区	2. 河南省	5. 湖北省
3. 辽宁省	6. 宁夏回族自治区	3. 安徽省	6. 江西省

续表

严重风化区	非严重风化区	
7. 甘肃省	7. 浙江省	14. 广西壮族自治区
8. 青海省	8. 四川省	15. 海南省
9. 陕西省	9. 贵州省	16. 云南省
10. 山西省	10. 湖南省	17. 西藏自治区
11. 河北省	11. 福建省	18. 上海市
12. 北京市	12. 台湾省	19. 重庆市
13. 天津市	13. 广东省	

烧结普通砖泛霜应符合下列规定：

优等品：无泛霜。

一等品：不允许出现中等泛霜。

合格品：不允许出现严重泛霜。

烧结普通砖石灰爆裂应符合下列规定：

优等品：不允许出现最大破坏尺寸大于 2mm 的爆裂区域。

一等品：最大破坏尺寸大于 2mm，且小于等于 10mm 的爆裂区域，每组砖样不得多于 15 处；不允许出现最大破坏尺寸大于 10mm 的爆裂区域。

合格品：最大破坏尺寸大于 2mm 且小于等于 15mm 的爆裂区域，每组砖样不得多于 15 处，其中大于 10mm 的不得多于 7 处；不允许出现最大破坏尺寸大于 15mm 的爆裂区域。

产品中不允许有欠火砖、酥砖和螺旋纹砖。

2-1-2 烧结多孔砖

烧结多孔砖是以黏土、页岩、煤矸石、粉煤灰为主要原料经焙烧而成的多孔砖。

烧结多孔砖按主要原料分为黏土多孔砖、页岩多孔砖、煤矸石多孔砖、粉煤灰多孔砖。

烧结多孔砖的外形为直角六面体，其长度、宽度、高度尺寸应符合下列要求：

290mm，240mm，190mm，180mm；

175mm，140mm，115mm，90mm。

烧结多孔砖孔洞尺寸规定：圆孔直径≤22mm；非圆孔内切圆直径≤15mm；手抓孔 (30～40)×(75～85)mm。

烧结多孔砖根据抗压强度分为 MU30、MU25、MU20、MU15、MU10 五个强度等级。

强度和抗风化性能合格的多孔砖，根据尺寸偏差、外观质量、孔型及孔洞排列、泛霜、石灰爆裂分为优等品、一等品、合格品三个质量等级。

烧结多孔砖的尺寸允许偏差应符合表 2-6 规定。

烧结多孔砖尺寸允许偏差(mm) 表 2-6

尺寸	优等品		一等品		合格品	
	样本平均偏差	样本极差≤	样本平均偏差	样本极差≤	样本平均偏差	样本极差≤
290、240	±2.0	5	±2.5	7	±3.0	8

续表

尺寸	优等品		一等品		合格品	
	样本平均偏差	样本极差≤	样本平均偏差	样本极差≤	样本平均偏差	样本极差≤
190、180、175、140、115	±1.5	4	±2.0	6	±2.5	7
90	±1.5	3	±1.5	5	±2.0	6

烧结多孔砖的外观质量应符合表2-7规定。

烧结多孔砖外观质量(mm)　　　　　　　　　　　　　表2-7

项目		优等品	一等品	合格品
颜色(一条面和一顶面)		一致	基本一致	—
完整面	不得少于	一条面和一顶面	一条面和一顶面	—
缺棱掉角的三个破坏尺寸	不得同时大于	15	20	30
裂纹长度	不大于			
a. 大面上深入孔壁15mm以上宽度方向及其延伸到条面的长度		60	80	100
b. 大面上深入孔壁15mm以上长度方向及其延伸到顶面的长度		60	100	120
c. 条顶面上的水平裂纹		80	100	120
杂质在砖面上造成的凸出高度		3	4	5

注：1. 为装饰而施加的色差、凹凸纹、拉毛、压花等不算缺陷。
　　2. 凡有下列缺陷之一者，不能称为完整面：
　　　 a. 缺损在条面或顶面上造成的破坏面尺寸同时大于20mm×30mm。
　　　 b. 条面或顶面上裂纹宽度大于1mm，其长度超过70mm。
　　　 c. 压陷、焦花、粘底在条面或顶面上的凹陷或凸出超过2mm，区域尺寸同时大于20mm×30mm。

烧结多孔砖的强度应符合表2-8规定。

烧结多孔砖强度(MPa)　　　　　　　　　　　　　表2-8

强度等级	抗压强度平均值 f ≥	变异系数 δ≤0.21	变异系数 δ>0.21
		强度标准值 f_k ≥	单块最小抗压强度值 f_{min} ≥
MU30	30.0	22.0	25.0
MU25	25.0	18.0	22.0
MU20	20.0	14.0	16.0
MU15	15.0	10.0	12.0
MU10	10.0	6.5	7.5

烧结多孔砖孔型孔洞率及孔洞排列应符合表2-9规定。
烧结多孔砖的抗风化性能、泛霜规定、石灰爆裂规定同烧结普通砖。

孔型孔洞率及孔洞排列   表 2-9

产品等级	孔 型	孔洞率，%	孔洞排列
优等品 一等品	矩形条孔或矩形孔	25	交错排列，有序
合格品	矩形孔或其他孔形	25	—

注：1. 所有孔宽应相等，孔长≤50mm；
　　2. 孔洞排列上下、左右应对称，分布均匀，手抓孔的长度方向必须平行于砖条面；
　　3. 矩形孔的孔长大于或等于孔宽的3倍时为矩形条孔。

2-1-3 烧结空心砖

烧结空心砖是以黏土、页岩、煤矸石为主要原料，经焙烧而成的空心砖。

烧结空心砖的外形为直角六面体，在与砂浆的接合面应设有增加结合力的深度1mm以上的凹线槽(图2-1)。

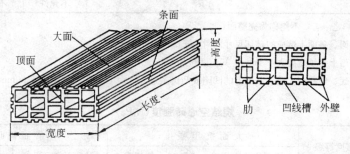

图 2-1　烧结空心砖

烧结空心砖的长度、宽度、高度应符合下列要求：
290mm，190mm，140mm，90mm；
240mm，180(175)mm，115mm。

烧结空心砖的壁厚应大于10mm，肋厚应大于7mm。孔洞采用矩形条孔或其他孔形，且平行于大面和条面。

烧结空心砖根据密度分为800、900、1100三个密度等级。

烧结空心砖根据抗压强度分为MU5、MU3、MU2三个强度等级。

每个密度等级根据孔洞及其排数、尺寸偏差、外观质量、强度等级和物理性能分为优等品、一等品、合格品三个质量等级。

烧结空心砖的尺寸允许偏差应符合表2-10规定。

烧结空心砖尺寸允许偏差(mm)   表 2-10

尺 寸	优等品	一等品	合格品
>200	±4	±5	±7
100～200	±3	±4	±5
<100	±3	±4	±4

烧结空心砖的外观质量应符合表2-11规定。

烧结空心砖的强度应符合表2-12规定。

烧结空心砖外观质量(mm)　　　　　　　　　　　　　　　　　　　　表 2-11

项　目		优等品	一等品	合格品
弯曲	不大于	3	4	5
缺棱掉角的三个破坏尺寸	不得同时大于	15	30	40
未贯穿裂纹长度	不大于			
a．大面上宽度方向及其延伸到条面的长度		不允许	100	140
b．大面上长度方向或条面上水平方向的长度		不允许	120	160
贯穿裂纹长度	不大于			
a．大面上宽度方向及其延伸到条面的长度		不允许	60	80
b．壁、肋沿长度方向、宽度方向及其水平方向的长度		不允许	60	80
肋、壁内残缺长度	不大于	不允许	60	80
完整面	不少于	一条面和一大面	一条面或一大面	—
欠火砖和酥砖		不允许	不允许	不允许

注：凡有下列缺陷之一者，不能称为完整面：
　　1．缺损在大面、条面上造成的破坏尺寸同时大于 20mm×30mm。
　　2．大面、条面上裂纹宽度大于 1mm，其长度超过 7mm。
　　3．压陷、粘底、焦花在大面、条面上的凹陷或凸出超过 2mm，区域尺寸同时大于 20mm×30mm。

烧结空心砖强度(MPa)　　　　　　　　　　　　　　　　　　　　表 2-12

质量等级	强度等级	大面抗压强度		条面抗压强度	
		5块平均值不小于	单块最小值不小于	5块平均值不小于	单块最小值不小于
优等品	MU5	5.0	3.7	3.4	2.3
一等品	MU3	3.0	2.2	2.2	1.4
合格品	MU2	2.0	1.4	1.6	0.9

烧结空心砖的密度应符合表 2-13 规定。

烧结空心砖密度(kg/m³)　　　　　　　　　　　　　　　　　　　表 2-13

密度等级	5块密度平均值	密度等级	5块密度平均值
800	≤800	1100	901～1100
900	801～900		

烧结空心砖孔洞及其排数应符合表 2-14 规定。

烧结空心砖孔洞及其排数　　　　　　　　　　　　　　　　　　表 2-14

质量等级	孔洞排数(排)		孔洞率(%)	壁厚(mm)	肋厚(mm)
	宽度方向	高度方向			
优等品	≥5	≥2	≥35	≥10	≥7
一等品	≥3	—			
合格品	—	—			

烧结空心砖的物理性能应符合表 2-15 规定。

烧结空心砖物理性能 表 2-15

项 目	鉴 别 指 标
冻融	① 优等品 　不允许出现裂纹、分层、掉皮、缺棱掉角等冻坏现象 ② 一等品、合格品 　a. 冻裂长度不大于裂纹长度合格品规定 　b. 不允许出现分层、掉皮、缺棱掉角等冻坏现象
泛霜	① 优等品 　不允许出现轻微泛霜 ② 一等品 　不允许出现中等泛霜 ③ 合格品 　不允许出现严重泛霜
石灰爆裂	试验后的每块试样应符合裂纹长度、肋壁残缺的规定，同时每组试样必须符合下列要求： ① 优等品 　在同一大面或条面上出现最大直径大于5mm不大于10mm的爆裂区域不多于1处的试样，不得多于1块 ② 一等品 　a. 在同一大面或条面上出现最大直径大于5mm不大于10mm的爆裂区域不多于1处的试样，不得多于3块 　b. 各面出现最大直径大于10mm不大于15mm的爆裂区域不多于1处的试样，不得多于2块 ③ 合格品 　各面不得出现最大直径大于15mm的爆裂区域
吸水率	① 优等品 　不大于22% ② 一等品 　不大于25% ③ 合格品 　不要求

2-1-4 蒸压灰砂砖

蒸压灰砂砖是以石灰和砂为主要原料，经坯料制备、压制成型、蒸压养护而成的实心砖。

蒸压灰砂砖的外形为直角六面体，公称尺寸为：长240mm，宽115mm，高53mm。

蒸压灰砂砖根据抗压强度和抗折强度分为MU25、MU20、MU15、MU10四个强度等级。

蒸压灰砂砖根据尺寸偏差和外观质量分为优等品、一等品、合格品三个质量等级。

蒸压灰砂砖的尺寸允许偏差应符合表2-16规定。

蒸压灰砂砖尺寸允许偏差(mm) 表 2-16

尺　　寸	优　等　品	一　等　品	合　格　品
长度(240)	±2	±2	±3
宽度(115)	±2	±2	±3
高度(53)	±1	±2	±3

蒸压灰砂砖外观质量应符合表2-17规定。

蒸压灰砂砖强度应符合表2-18规定。

蒸压灰砂砖外观质量(mm)　　　　　　　　　　　　　　　　　　　　表 2-17

项　目		指　　　标		
		优等品	一等品	合格品
缺棱掉角	个数不多于(个)	1	1	2
	最大尺寸不得大于(mm)	1	15	20
	最小尺寸不得大于(mm)	5	10	10
	对应高度差不得大于(mm)	1	2	3
裂纹	条数，不多于(条)	1	1	2
	大面上宽度方向及其延伸到条面的长度不得大于(mm)	20	50	70
	大面上长度方向及其延伸到顶面上的长度或条、顶面水平裂纹的长度不得大于(mm)	30	70	100

蒸压灰砂砖强度(MPa)　　　　　　　　　　　　　　　　　　　　表 2-18

强度等级	抗　压　强　度		抗　折　强　度	
	10块平均值　不小于	单块最小值　不小于	10块平均值　不小于	单块最小值　不小于
MU25	25.0	20.0	5.0	4.0
MU20	20.0	16.0	4.0	3.2
MU15	15.0	12.0	3.3	2.6
MU10	10.0	8.0	2.5	2.0

注：优等品的强度等级不得小于 MU15。

蒸压灰砂砖抗冻性应符合表 2-19 的规定。

蒸压灰砂砖抗冻性指标　　　　　　　　　　　　　　　　　　　　表 2-19

强度等级	抗压强度平均值(MPa)　不小于	单块砖的干质量损失(%)　不大于
MU25	20.0	2.0
MU20	16.0	2.0
MU15	12.0	2.0
MU10	8.0	2.0

蒸压灰砂砖不得用于长期受热(200℃以上)、受急冷急热和有酸性介质侵蚀的建筑部位。

2-1-5　蒸压灰砂空心砖

蒸压灰砂空心砖是以石灰、砂为主要原料，经坯料制备、压制成型、蒸压养护而制成空心砖，其孔洞率大于 15%。

蒸压灰砂空心砖规格及公称尺寸见表 2-20。

蒸压灰砂空心砖规格及公称尺寸(mm)　　　　　　　　　　　　　表 2-20

规格代号	公　称　尺　寸		
	长	宽	高
NF	240	115	53
1.5NF	240	115	90

续表

规格代号	公称尺寸		
	长	宽	高
2NF	240	115	115
3NF	240	115	175

孔洞采用圆形或其他孔形。孔洞应垂直于大面。

蒸压灰砂空心砖根据抗压强度分为MU25、MU20、MU15、MU10、MU7.5五个强度等级。

蒸压灰砂空心砖根据强度等级、尺寸偏差、外观质量分为优等品、一等品、合格品三个质量等级。

蒸压灰砂空心砖的尺寸允许偏差应符合表2-21规定。

蒸压灰砂空心砖尺寸允许偏差(mm)　　表2-21

尺　寸	优等品	一等品	合格品
长　度	±2	±2	±3
宽　度	±1	±2	±3
高　度	±1	±2	±3

蒸压灰砂空心砖外观质量应符合表2-22规定。

蒸压灰砂空心砖外观质量(mm)　　表2-22

项　目		优等品	一等品	合格品
对应高度差	不大于	±1	±2	±3
外壁厚度	不小于	10	10	10
肋厚度	不小于	7	7	7
缺棱掉角最小尺寸	不大于	15	20	25
完整面	不少于	一条面和一顶面	一条面或一顶面	一条面或一顶面
裂纹长度	不大于			
a. 条面上高度方向及其延伸到大面的长度		30	50	70
b. 条面上长度方向及其延伸到顶面上的水平裂纹长度		50	70	100

注：凡有以下缺陷者，均为非完整面：
1. 缺陷尺寸或掉角的最小尺寸大于8mm；
2. 灰球、粘土团、草根等杂物造成破坏面尺寸大于10mm×20mm；
3. 有气泡、麻面、龟裂等缺陷造成的凹陷与凸起分别超过2mm。

蒸压灰砂空心砖的抗压强度应符合表2-23规定。优等品的强度等级应不低于MU15，一等品的强度等级应不低于MU10。

蒸压灰砂空心砖抗压强度(MPa)　　表2-23

强度等级	抗压强度	
	5块平均值不小于	单块最小值不小于
MU25	25.0	20.0
MU20	20.0	16.0

续表

强 度 等 级	抗 压 强 度	
	5块平均值不小于	单块最小值不小于
MU15	15.0	12.0
MU10	10.0	8.0
MU7.5	7.5	6.0

蒸压灰砂空心砖抗冻性应符合表 2-24 规定。

蒸压灰砂空心砖抗冻性 表 2-24

强 度 等 级	冻后抗压强度平均值(MPa)不小于	单块砖的干质量损失(%)不大于
MU25	20.0	2
MU20	16.0	2
MU15	12.0	2
MU10	8.0	2
MU7.5	6.0	2

2-1-6 粉煤灰砖

粉煤灰砖是以粉煤灰、石灰为主要原料,掺加适量石膏和骨料,经坯料制备、压制成型、高压或常压蒸汽养护而成的实心砖。

粉煤灰砖的外形为直角六面体,公称尺寸为:长 240mm,宽 115mm,高 53mm。

粉煤灰砖根据抗压强度和抗折强度分为 MU30、MU25、MU20、MU15、MU10 五个强度等级。

粉煤灰砖根据尺寸偏差、外观质量和干燥收缩分为优等品、一等品、合格品三个质量等级。

粉煤灰砖的尺寸允许偏差应符合表 2-25 规定。

粉煤灰砖尺寸允许偏差(mm) 表 2-25

尺 寸	优 等 品	一 等 品	合 格 品
长度(240)	±2	±3	±4
宽度(115)	±2	±3	±4
高度(53)	±1	±2	±3

粉煤灰砖的外观质量应符合表 2-26 规定。

粉煤灰砖外观质量(mm) 表 2-26

项 目	指 标		
	优等品	一等品	合格品
对应高度差不大于	1	2	3
每一缺棱掉角的最小破坏尺寸不大于	10	15	20
完整面不少于	二条面和一顶面或二顶面和一条面	一条面和一顶面	一条面和一顶面

续表

项 目	指 标		
	优等品	一等品	合格品
裂纹长度 　　　　　　　　　　　　　　　　　不大于 a. 大面上宽度方向的裂纹（包括延伸到条面上的长度） b. 其他裂纹	30 50	50 70	70 100
层　　裂	不　允　许		

注：在条面上或顶面上破坏面的两个尺寸同时大于10mm和20mm者为非完整面。

粉煤灰砖的强度应符合表2-27规定。

粉煤灰砖强度指标（MPa）　　　　　　　　　　　表2-27

强度等级	抗压强度		抗折强度	
	10块平均值≥	单块值≥	10块平均值≥	单块值≥
MU30	30.0	24.0	6.2	5.0
MU25	25.0	20.0	5.0	4.0
MU20	20.0	16.0	4.0	3.2
MU15	15.0	12.0	3.3	2.6
MU10	10.0	8.0	2.5	2.0

粉煤灰砖的抗冻性应符合表2-28规定。

粉煤灰砖抗冻性指标　　　　　　　　　　　表2-28

强度等级	抗压强度（MPa）平均值≥	砖的干重量损失（%）单块值≤
MU30	24.0	2.0
MU25	20.0	
MU20	16.0	
MU15	12.0	
MU10	8.0	

粉煤灰砖的干燥收缩值：优等品和一等品应不大于0.65mm/m；合格品应不大于0.75mm/m。

粉煤灰砖可用于工业与民用建筑的墙体和基础，但用于基础或用于易受冻融和干湿交替作用的建筑部位必须使用MU15及以上强度等级的砖。不得用于长期受热（200℃以上）、受急冷急热和有酸性介质侵蚀的建筑部位。

2-1-7　煤渣砖

煤渣砖是以煤渣为主要原料，掺入适量石灰、石膏，经混合、压制成型、蒸养或蒸压而成的实心砖。

煤渣砖的外形为直角六面体，长240mm，宽115mm，高53mm。

煤渣砖根据抗压强度和抗折强度分为MU20、MU15、MU10、MU7.5四个强度等级。

煤渣砖根据尺寸偏差、外观质量、强度等级分为优等品、一等品、合格品三个质量等级。

煤渣砖的尺寸允许偏差应符合表 2-29 规定。

煤渣砖尺寸允许偏差(mm)　　　　　表 2-29

尺　寸	优 等 品	一 等 品	合 格 品
长　度	±2	±3	±4
宽　度	±2	±3	±4
高　度	±2	±3	±4

煤渣砖的外观质量应符合表 2-30 规定。

煤渣砖外观质量(mm)　　　　　表 2-30

项　　目		优等品	一等品	合格品
对应高度差	不大于	1	2	3
每一缺棱掉角的最小破坏尺寸	不大于	10	20	30
完整面	不少于	二条面和一顶面或二顶面和一条面	一条面和一顶面	一条面和一顶面
裂缝长度	不大于			
a. 大面上宽度方向及其延伸到条面的长度		30	50	70
b. 大面上长度方向及其延伸到顶面上的长度或条、顶面水平裂纹长度		50	70	100
层裂		不允许	不允许	不允许

注：在条面或顶面上破坏面的两个尺寸同时大于10mm和20mm者为非完整面。

煤渣砖的强度应符合表 2-31 规定。优等品的强度等级应不低于 MU15，一等品的强度等级应不低于 MU10，合格品的强度等级应不低于 MU7.5。

煤渣砖强度(MPa)　　　　　表 2-31

强 度 等 级	抗 压 强 度		抗 折 强 度	
	10 块平均值不小于	单块最小值不小于	10 块平均值不小于	单块最小值不小于
MU20	20.0	15.0	4.0	3.0
MU15	15.0	11.2	3.2	2.4
MU10	10.0	7.5	2.5	1.9
MU7.5	7.5	5.6	2.0	1.5

注：强度等级以蒸汽养护后 24～36h 的强度为准。

煤渣砖的抗冻性应符合表 2-32 规定。

煤渣砖抗冻性　　　　　表 2-32

强 度 等 级	冻后抗压强度平均值(MPa)不小于	单块砖干质量损失(%)不大于
MU20	16.0	2.0
MU15	12.0	2.0
MU10	8.0	2.0
MU7.5	6.0	2.0

煤渣砖碳化性能应符合表 2-33 的规定。

煤渣砖碳化性能　　　　　　　　　表 2-33

强度级别	碳化后强度平均值(MPa)不小于	强度等级	碳化后强度平均值(MPa)不小于
MU20	14.0	MU10	7.0
MU15	10.5	MU7.5	5.2

煤渣砖不得用于长期受热（200℃以上）。受急冷急热和有酸性介质侵蚀的建筑部位。用于基础或用于易受冻融和干湿交替作用的建筑部位必须使用 MU15 及其以上的砖。

2-2 砌砖前准备

用于清水墙、柱表面的砖，应边角整齐、色泽均匀，砌砖前应予挑选。

砖应提前 1～2d 浇水湿润。烧结普通砖、多孔砖含水率宜为 10%～15%；灰砂砖、粉煤灰砖含水率宜为 8%～12%。

按照墙体及基础剖面图，制作墙体皮数杆及基础皮数杆。皮数杆上应画出室内地面称高线、各皮砖及灰缝厚度、墙内构件的标高位置等。皮数杆竖立于墙体（或基础）的转角处、交接处，其间距应小于 15m，在相对皮数杆上砖的上皮线拉上准线，每皮砖依准线砌筑。

砌筑基础前，应校核放线尺寸，允许偏差应符合表 2-34 的规定。

放线尺寸的允许偏差　　　　　　　　表 2-34

长度 L、宽度 B 的尺寸(m)	允许偏差(mm)	长度 L、宽度 B 的尺寸(m)	允许偏差(mm)
$L(B) \leqslant 30$	±5	$60 < L(B) \leqslant 90$	±15
$30 < L(B) \leqslant 60$	±10	$L(B) > 90$	±20

选择砌砖操作方法：常用砌砖方法有以下几种：

1. "三一"砌砖法：基本动作是"一铲灰、一块砖、揉一揉"，适合于砌窗间墙、柱、垛、烟囱筒壁等较短部位。

2. "二三八一"砌砖法：即两种步法、三种身法、八种铺灰手法、一种揉砖动作，是"三一"砌砖法的改进，适合于砌较长的墙。

3. 摊尺铺灰砌砖法：它是利用摊尺来控制砂浆摊铺厚度，适合于砌门窗洞口较多的墙体或独立柱等。

4. 铺灰挤浆砌砖法：利用铺灰工具铺好一段砂浆后进行挤浆砌砖，适合于砌长墙。

5. 满刀灰砌砖法：用瓦刀将砂浆刮在砖面上，对准位置进行砌砖，适合于砌窗台、砖拱等特殊部位。

准备脚手架料：当砌砖高度超过 1.5m 时，应随砖砌体砌高，搭设脚手架。

2-3 砖基础砌筑

砖基础应采用烧结普通砖、蒸压灰砂砖与水泥砂浆砌筑。砖与砂浆的最低强度等级应符合表 2-35 的要求。

砖基础所用材料的最低强度等级　　　　表 2-35

基土的潮湿程度	砖的强度等级		水泥砂浆的强度等级
	严寒地区	一般地区	
稍潮湿的	MU10	MU10	M5
很潮湿的	MU15	MU10	M7.5
含水饱和的	MU20	MU15	M10

注：对安全等级为一级或设计使用年限大于50年的房屋，表中材料强度等级应至少提高一级。

砖基础下部扩大部分称为大放脚，大放脚有等高式和不等高式两种型式。等高式大放脚是每砌两皮砖收进一次，每次两边各收进 1/4 砖长；不等高式大放脚是每砌两皮砖收进一次和每砌一皮砖收进一次相间，每次两边各收进 1/4 砖长，起始应是两皮一收（图 2-2）。

砖基础的组砌形式宜采用一顺一丁，其转角处、交接处，为错缝需要应加砌配砖。上下皮砖的竖向灰缝应相互错开 1/4 砖长以上。

图 2-3 所示是三砖等高式大放脚转角处分皮砌法。

图 2-4 所示是二砖半等高式大放脚转角处分皮砌法。

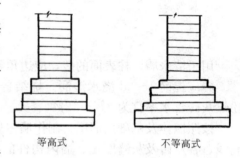

图 2-2　砖基础大放脚型式

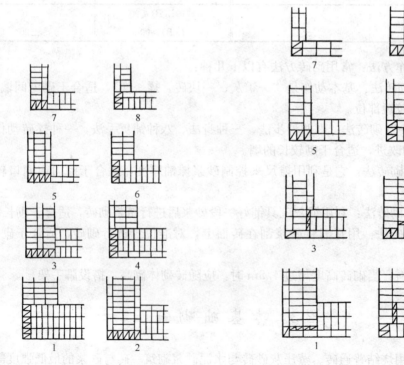

图 2-3　三砖等高式大放脚转角处分皮砌法　　图 2-4　二砖半等高式大放脚转角处分皮砌法

砖基础的转角处和交接处应同时砌筑。当不能同时砌筑时，应按规定留槎、接槎。

基底标高不同时，应从低处砌起，并应由高处向低处搭砌。当设计无要求时，搭接长度不应小于基础大放脚的高度(图2-5)。

砖基础中按设计要求的洞口、管道、沟槽应于砌筑时正确留出或预埋，宽度超过300mm的洞口上部，应设置钢筋混凝土过梁。未经设计同意，不得打凿砖基础或在砖基础上开凿水平沟槽。

砌完砖基础后，应及时双侧回填。单侧填土应在砖基础达到侧向承载能力要求后进行。

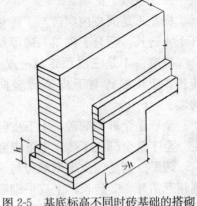

图2-5 基底标高不同时砖基础的搭砌

2-4 砖墙砌筑

2-4-1 普通砖墙

普通砖墙可采用烧结普通砖与砌筑砂浆(水泥混合砂浆或水泥砂浆)砌筑而成。

普通砖墙所用砖的强度等级不应低于MU10，砂浆强度等级不应低于M2.5。五层及五层以上房屋的墙，以及受振动或层高大于6m的墙，砂浆的最低强度等级不应低于M5。潮湿房间的墙所用材料的最低强度等级参照砖基础所用材料的最低强度等级规定。

普通砖墙的组砌形式宜采用一顺一丁、梅花丁、三顺一丁，特殊情况下，也可采用全顺、全丁、两平一侧等(图2-6)。

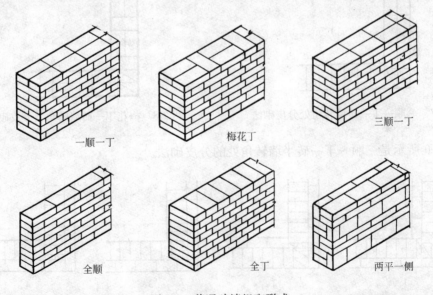

图2-6 普通砖墙组砌形式

一顺一丁是一皮顺砖与一皮丁砖相间，上下皮竖向灰缝相互错开1/4砖长，适合于砌筑一砖厚及以上的墙。

梅花丁是同皮内顺砖与丁砖相间，上皮丁砖座中于下皮顺砖，上下皮竖向灰缝相互错开 1/4 砖长，适合于砌筑一砖厚及一砖半厚的墙。

三顺一丁是三皮顺砖与一皮丁砖相间，上皮顺砖与下皮顺砖竖向灰缝相互错开 1/2 砖长；上皮顺砖与下皮丁砖竖向灰缝相互错开 1/4 砖长，适合于砌筑一砖厚及以上的墙。

全顺是全部砌顺砖，上下皮竖向灰缝相互错开 1/2 砖长，适合于砌筑半砖厚的墙。

全丁是全部砌丁砖，上下皮竖向灰缝相互错开 1/4 砖长，适合于砌筑一砖厚的墙。

两平一侧是两皮平砌顺砖与一皮侧砌顺砖相间，上皮平砌顺砖与下皮平砌顺砖竖向灰缝相互错开 1/2 砖长；上皮平砌顺砖与下皮侧砌顺砖竖向灰缝相互错开不小于 1/4 砖长，适合于砌筑 3/4 砖厚的墙(俗称 18 墙)。

普通砖墙的转角处，为错缝需要应加砌配砖(七分头砖)。

图 2-7 所示是一顺一丁一砖墙转角处的分皮砌法。

图 2-8 所示是梅花丁一砖墙转角处的分皮砌法。

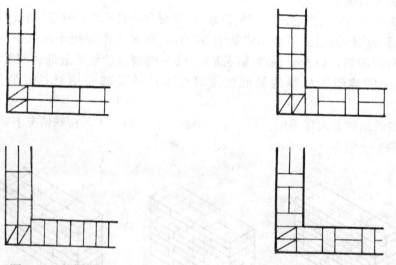

图 2-7　一顺一丁一砖墙转角处分皮砌法　　图 2-8　梅花丁一砖墙转角处分皮砌法

图 2-9 所示是三顺一丁一砖半墙转角处的分皮砌法。

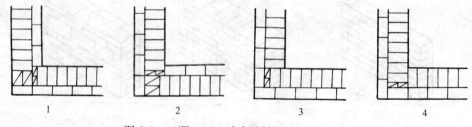

图 2-9　三顺一丁一砖半墙转角处分皮砌法

普通砖墙的丁字交接处，为错缝需要应加砌配砖，配砖一般加砌在横墙端头。

图 2-10 所示是一顺一丁一砖墙交接处的分皮砌法。
图 2-11 所示是梅花丁一砖墙交接处的分皮砌法。

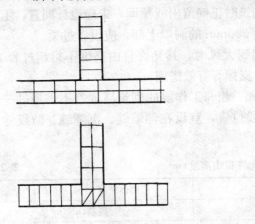
图 2-10 一顺一丁一砖墙交接处分皮砌法

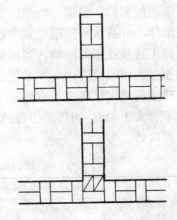
图 2-11 梅花丁一砖墙交接处分皮砌法

图 2-12 所示是三顺一丁一砖墙交接处的分皮砌法。

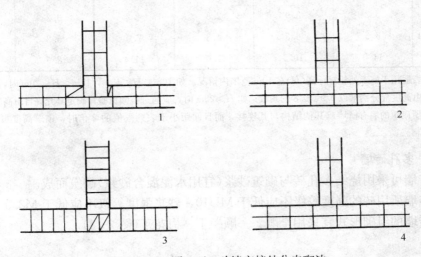
图 2-12 三顺一丁一砖墙交接处分皮砌法

一砖厚承重墙的每层墙的最上一皮砖,砖墙的阶台水平面上及挑出层(挑檐、腰线等),应整砖丁砌。

砖墙的转角处和交接处应同时砌筑。当不能同时砌筑时,应按规定留槎、接槎。

在墙上留置临时施工洞口,其侧边离交接处墙面不应小于 500mm,洞口净宽度不应超过 1m。临时施工洞口应做好补砌。

不得在下列墙体或部位设置脚手眼:
1. 半砖厚墙;
2. 过梁上与过梁成 60°角的三角形范围及过梁净跨度 1/2 的高度范围内;
3. 宽度小于 1m 的窗间墙;
4. 墙体门窗洞口两侧 200mm 和转角处 450mm 范围内;

5. 梁或梁垫下及其左右500mm范围内；

6. 设计不允许设置脚手眼的部位。

设计要求的洞口、管道、沟槽应于砌筑时正确留出或预埋，未经设计同意，不得打凿墙体和在墙体上开凿水平沟槽。宽度超过300mm的洞口上部，应设置过梁。

尚未施工楼板或屋面的墙，当可能遇到大风时，其允许自由高度不得超过表2-36的规定。如超过表中限值时，必须采用临时支撑等有效措施。

普通砖墙每日砌筑高度不宜超过1.5m。相邻工作段的砌筑高度差不得超过一个楼层高度，也不宜大于4m。相邻工作段的分段位置，宜设在伸缩缝、沉降缝、防震缝、构造柱或门窗洞口处。

墙和柱的允许自由高度(mm)　　　　　　　　　表2-36

墙厚或柱厚(mm)	砌体密度>1600kg/m³			砌体密度1300~1600kg/m³		
	风载(kN/m²)			风载(kN/m²)		
	0.3(约7级风)	0.4(约8级风)	0.5(约9级风)	0.3(约7级风)	0.4(约8级风)	0.5(约9级风)
190	—	—	—	1.4	1.1	0.7
240	2.8	2.1	1.4	2.2	1.7	1.1
370	5.2	3.9	2.6	4.2	3.2	2.1
490	8.6	6.5	4.3	7.0	5.2	3.5
620	14.0	10.5	7.0	11.4	8.6	5.7

注：1. 本表适用于施工处相对标高(H)在10m范围内情况。如10m<H≤15m，15m<H≤20m时，表中的允许自由高度应分别乘以0.9、0.8的系数；如H>20m时，应通过抗倾覆验算确定其允许自由高度；

2. 当所砌筑的墙有横墙或其他结构与其连接，而且间距小于表列限值的2倍时，砌筑高度可不受本表的限制。

2-4-2 多孔砖墙

多孔砖墙可采用烧结多孔砖与砌筑砂浆（宜用水泥混合砂浆）砌筑而成。

多孔砖墙所用砖的强度等级不应低于MU10，砂浆强度等级不应低于M2.5。

多孔砖墙的组砌形式宜采用全顺、一顺一丁、梅花丁（图2-13）。

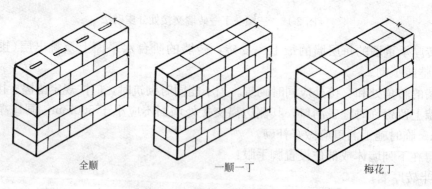

图2-13 多孔砖墙组砌形式

全顺是全部砌顺砖，上下皮竖向灰缝相互错开1/2砖长。方形多孔砖（M型）的手抓孔应平行于墙长。

一顺一丁是一皮顺砖与一皮丁砖相间，上下皮竖向灰缝相互错开 1/4 砖长。

梅花丁是同皮内顺砖与丁砖相间，上皮丁砖座中于下皮顺砖，上下皮竖向灰缝相互错开 1/4 砖长。

多孔砖墙的转角处，为错缝需要应加砌配砖。

图 2-14 所示是全顺（M 型砖）一砖墙转角处的分皮砌法。配砖用半砖。

图 2-15 所示是一顺一丁一砖墙转角处的分皮砌法。配砖用 3/4 砖。

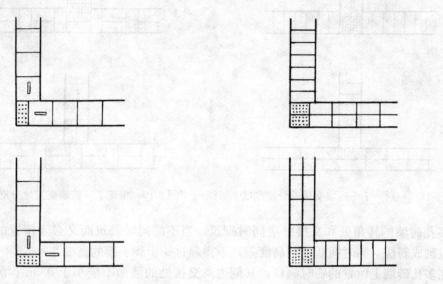

图 2-14　全顺一砖墙转角处分皮砌法　　　图 2-15　一顺一丁一砖墙转角处分皮砌法

图 2-16 所示是梅花丁一砖墙转角处的分皮砌法。配砖用 3/4 砖。

多孔砖墙的丁字交接处，为错缝需要应加砌配砖。

图 2-17 所示是全顺（M 型砖）一砖墙交接处的分皮砌法。配砖用半砖。

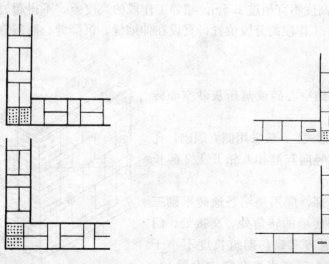

图 2-16　梅花丁一砖墙转角处分皮砌法　　　图 2-17　全顺一砖墙交接处分皮砌法

图 2-18 所示是一顺一丁一砖墙交接处的分皮砌法。配砖用 3/4 砖。

图 2-19 所示是梅花丁一砖墙交接处的分皮砌法。配砖用 3/4 砖。

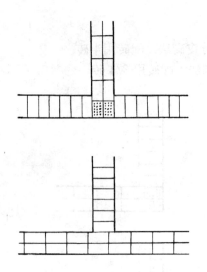 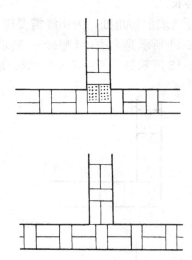

图 2-18　一顺一丁一砖墙交接处分皮砌法　　图 2-19　梅花丁一砖墙交接处分皮砌法

多孔砖墙的转角处和交接处应同时砌筑。当不能同时砌筑而又必须留置的临时间断处，应砌成斜槎。临时间断处的高度差，不得超过一步脚手架的高度。

在多孔砖墙上留置的临时洞口，其侧边离交接处的墙面不应小于 0.5m；洞口顶部宜设置钢筋砖过梁或钢筋混凝土过梁。

多孔砖墙中留设脚手眼的规定同普通砖墙。

尚未施工楼板或屋面的多孔砖墙，当可能遇到大风时，其允许自由高度不得超过表 2-36 中砌体密度 1300～1600kg/m³ 项内各个指标。如超过表中限值时，必须采用临时支撑等有效措施。

多孔砖墙每日砌筑高度不宜超过 1.5m。相邻工作段的高度差，不得超过一层楼的高度，也不宜大于 3.6m。工作段的分段位置，宜设在伸缩缝、沉降缝、防震缝、构造柱或门窗洞口处。

2-4-3　空心砖墙

空心砖墙可采用烧结空心砖或蒸压灰砂空心砖与砂浆砌筑而成。

烧结空心砖墙组砌形式，一般采用侧立顺砌，孔洞呈水平方向，上下皮竖向灰缝相互错开 1/2 砖长（不小于 1/3 砖长）。

烧结空心砖墙的底部，应用烧结普通砖平砌三皮作为墙垫。烧结空心砖墙的转角处、交接处、门窗洞口边应用烧结普通砖实砌，砌筑长度不小于 250mm，并每隔两皮空心砖在水平灰缝中设置 2φ6 拉结钢筋，拉结钢筋伸入空心砖墙内不少于空心砖

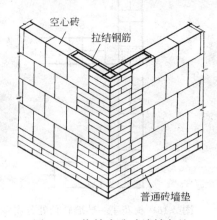

图 2-20　烧结多孔砖墙转角处

的长度。图 2-20 所示是烧结空心砖墙转角处砌法。

蒸压灰砂空心砖墙组砌形式同烧结多孔砖墙，其底部也需用烧结普通砖砌三皮作为墙垫。

空心砖墙与承重墙或柱相接处，应将承重墙或柱的预埋拉结钢筋置于空心砖墙的水平灰缝内，拉结钢筋伸入空心砖墙内的长度不应小于 600mm，拉结钢筋垂直间距不应大于 500mm。

空心砖墙中不得留设脚手眼。

空心砖墙每日砌筑高度不应大于 1.2m。

2-5 砖柱砌筑

砖柱可采用烧结普通砖与砂浆砌筑而成。砖的强度等级应不低于 MU10，砂浆强度等级应不低于 M5。

普通砖柱一般采用方形或矩形截面，其最小截面尺寸为 240mm×365mm。

普通砖柱的组砌，应使上下皮竖向灰缝相互错开 1/4 砖长，尽量避免通缝。

图 2-21 所示是 240mm×365mm 砖柱分皮砌法。柱中不用配砖，但不可避免存在一道长 130mm 的垂直通缝。

图 2-22 所示是 365mm×365mm 砖柱分皮砌法。每皮中用三块整砖，两块配砖（3/4砖），柱中有两道各长 130mm 的垂直通缝。

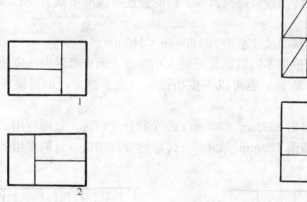

图 2-21　240mm×365mm 砖柱分皮砌法　　图 2-22　365mm×365mm 砖柱分皮砌法

图 2-23 所示是 365mm×490mm 砖柱两种分皮砌法。第一种砌法，每两皮用 9 块整砖，4 块配砖，柱中有两道各长 250mm 的垂直通缝。第二种砌法，每两皮用 8 块整砖、4块配砖、2 块半砖，柱中有三道各长 130mm 的垂直通缝。

图 2-24 所示是 490mm×490mm 砖柱两种分皮砌法。第一种砌法，每四皮用 24 块整砖，8 块配砖，8 块 1/4 砖。柱中有少量通缝。第二种砌法，不用配砖，但柱中每三皮砖有长 250mm 的通缝。

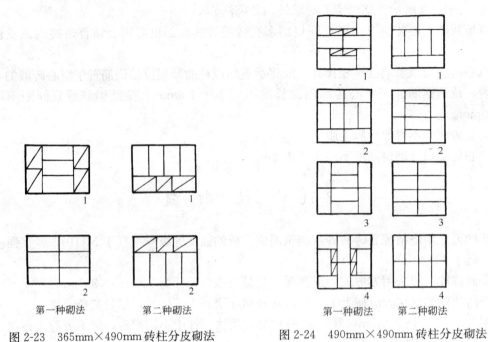

图 2-23　365mm×490mm 砖柱分皮砌法

图 2-24　490mm×490mm 砖柱分皮砌法

2-6　砖 垛 砌 筑

砖垛可采用烧结普通砖与砂浆砌筑而成。砖的强度等级应不低于MU10，砂浆强度等级应不低于M5。

普通砖垛凸出墙面的截面尺寸至少为120mm×240mm。

普通砖垛的组砌，应根据不同墙厚及垛的大小而定，无论哪种砌法应使垛与墙逐皮搭接，搭接长度不小于1/4砖长，也可以一皮搭接、一皮不搭接，但搭接长度不小于1/2砖长。

图 2-25 所示是一砖墙附 120mm×365mm 砖垛的分皮砌法。每两皮用2块配砖。

图 2-26 所示是一砖墙附 120mm×490mm 砖垛的分皮砌法。每两皮用2块配砖及1块半砖。

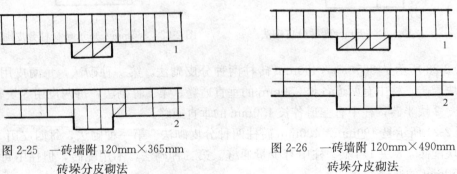

图 2-25　一砖墙附 120mm×365mm
　　　　　砖垛分皮砌法

图 2-26　一砖墙附 120mm×490mm
　　　　　砖垛分皮砌法

图 2-27 所示是一砖半墙附 240mm×365mm 砖垛的分皮砌法。每两皮用2块配砖。

图 2-28 所示是一砖半墙附 240mm×490mm 砖垛的分皮砌法。每两皮用 2 块配砖及 1 块半砖。

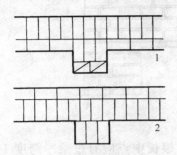

图 2-27 一砖半墙附 240mm×365mm 砖垛分皮砌法

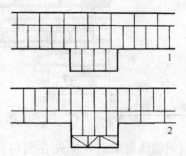

图 2-28 一砖半墙附 240mm×490mm 砖垛分皮砌法

2-7 砖过梁砌筑

砖过梁一般采用砖平拱过梁和钢筋砖过梁。

2-7-1 砖平拱过梁

砖平拱过梁采用烧结普通砖与砂浆砌筑而成。砖的强度等级应不低于 MU10，砂浆强度等级应不低于 M5。

砖平拱过梁立面呈楔形，上宽下窄。平拱过梁的砖应侧立砌筑。平拱过梁的高度有 240mm、365mm，其厚度等于墙厚，净跨度不超过 1.2m（图 2-29）。

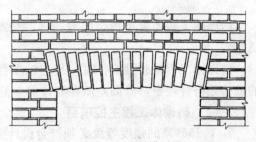

图 2-29 砖平拱过梁

砖平拱过梁两端的砖墙应砌成拱脚，拱脚下边应退进墙边不小于 20mm，拱脚坡度约为 1/5～1/6。

砖平拱过梁砌筑前，应在洞口顶部支设模板，模板中点应有平拱净跨度 1% 的起拱。

砌筑时，应在模板上画出平拱过梁的砖厚度及灰缝厚度，务必使砖块数为单数。

砖平拱过梁砌筑，应从拱脚处开始，两边对称地向中间进行，正中一块砖应挤紧。

砖平拱过梁的灰缝应砌成楔形缝。灰缝的宽度，在过梁的底面不应小于 5mm；在过梁的顶面不应大于 15mm。

砖平拱过梁底部的模板，应在灰缝砂浆强度不低于设计强度的 50% 时，方可拆除。

2-7-2 钢筋砖过梁

钢筋砖过梁采用烧结普通砖与砂浆砌筑而成。其底部配置钢筋，钢筋直径不应小于 5mm、间距不宜大于 120mm，钢筋伸入砖墙内的长度不宜小于 240mm，保护钢筋的砂浆层厚度为 30mm（图 2-30）。

钢筋砖过梁的作用范围内的砖强度等级应不低于 MU10，砂浆强度等级应不低于 M5。作用范围的高度为 7 皮砖（440mm），作用范围的宽度为过梁净跨度加 480mm。作用范围的厚度等于墙厚。钢筋砖过梁的净跨度不应超过 1.5m。

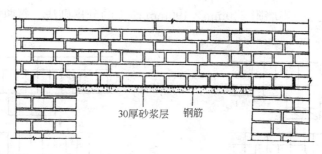

图 2-30 钢筋砖过梁

砌筑钢筋砖过梁时，应先在洞口顶部支设模板，模板中点应有过梁净跨度 1% 的起拱。在模板上面摊铺砂浆，砂浆层铺设一半厚度应放置钢筋，钢筋两端伸入墙内长度应相等，并使其弯钩向上。再铺设一半厚砂浆层，使钢筋位于砂浆层中间。继续按砖墙组砌形式砌筑。砂浆层上第一皮砖宜丁砌。钢筋砖过梁的砖砌体部分宜采用一顺一丁组砌形式。

钢筋砖过梁底部的模板，应在底部砂浆层的砂浆强度不低于设计强度的 50% 时，方可拆除。

2-8 砖砌体工程质量

砖砌体工程质量是指烧结普通砖、烧结多孔砖、蒸压灰砂砖、粉煤灰砖等砌体工程质量。

砖砌体工程检验批验收时，其主控项目应全部符合规定；一般项目应有 80% 及以上的抽检处符合规定，或偏差值在允许偏差范围以内。

2-8-1 砖砌体工程主控项目

1. 砖和砂浆的强度等级必须符合设计要求。

抽检数量：每一生产厂家的砖到现场后，按烧结砖 15 万块、多孔砖 5 万块、灰砂砖及粉煤灰砖 10 万块各为一验收批，抽检数量为 1 组。砂浆试块的抽检数量：每一检验批且不超过 250m³ 砌体的各种类型及强度等级的砌筑砂浆，每台搅拌机应至少抽检一次。

检验方法：查砖和砂浆试块试验报告。

2. 砌体水平灰缝的砂浆饱满度不得小于 80%。

抽检数量：每检验批抽查不应少于 5 处。

检验方法：用百格网检查砖底面与砂浆的粘结痕迹面积。每处检测 3 块砖，取其平均值。

3. 砖砌体的转角处和交接处应同时砌筑，严禁无可靠措施的内外墙分砌施工。对不能同时砌筑而又必须留置的临时间断处应砌成斜槎，斜槎水平投影长度不应小于高度的 2/3（图 2-31）。

抽检数量：每检验批抽 20% 接槎，且不应少于 5 处。

检验方法：观察检查。

4. 非抗震设防及抗震设防烈度为 6 度、7 度地区的临时间断处，当不能留斜槎时，除转角处外，可留直槎，但直槎必须做成凸槎。留直槎处应加设拉结钢筋，拉结钢筋的数量为每120mm墙厚放置1φ6拉结钢筋(120mm厚墙放置2φ6拉结钢筋),间距沿墙高不应超过500mm;埋入长度从留槎处算起每边均不应小于500mm,对抗震设防烈度6度、7度的地区,不应小于1000mm;末端应有90°弯钩(图2-32)。

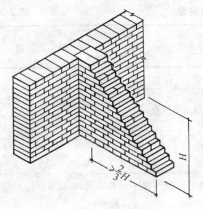

图2-31 砖砌体斜槎

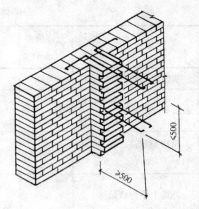

图2-32 砖砌体直槎

抽检数量:每检验批抽20%接槎,且不应少于5处。

检验方法:观察和尺量检查。

合格标准:留槎正确,拉结钢筋设置数量、直径正确,竖向间距偏差不超过100mm,留置长度基本符合规定。

5. 砖砌体的位置及垂直度允许偏差应符合表2-37的规定。

砖砌体的位置及垂直度允许偏差　　　　表2-37

项次	项目		允许偏差(mm)	检验方法
1	轴线位置偏移		10	用经纬仪和尺检查或用其他测量仪器检查
2	垂直度	每层	5	用2m托线板检查
		全高 ≤10m	10	用经纬仪、吊线和尺检查,或用其他测量仪器检查
		全高 >10m	20	

抽检数量:轴线查全部承重墙柱;外墙垂直度全高查阳角,不应少于4处,每层每20m查一处;内墙按有代表性的自然间抽10%,但不应少于3间,每间不应少于2处,柱不少于5根。

2-8-2 砖砌体工程一般项目

1. 砖砌体组砌方法应正确,上、下错缝,内外搭砌,砖柱不得采用包心砌法。

抽检数量:外墙每20m抽查一处,每处3~5m,且不应少于3处;内墙按有代表性的自然间抽10%,且不应少于3间。

检验方法:观察检查。

合格标准:除符合本条要求外,清水墙、窗间墙无通缝;混水墙中长度大于或等于300mm的通缝每间不超过3处,且不得位于同一面墙体上。

2. 砖砌体的灰缝应横平竖直,厚薄均匀。水平灰缝厚度宜为10mm,但不应小于8mm,也不应大于12mm。

抽检数量：每步脚手架施工的砌体，每 20m 抽查 1 处。
检验方法：用尺量 10 皮砖砌体高度折算。

3. 砖砌体的一般尺寸允许偏差应符合表 2-38 的规定。

砖砌体一般尺寸允许偏差　　　　　　　　　表 2-38

项次	项　目		允许偏差（mm）	检 验 方 法	抽 检 数 量
1	基础顶面和楼面标高		±15	用水平仪和尺检查	不应少于 5 处
2	表面平整度	清水墙、柱	5	用 2m 靠尺和楔形塞尺检查	有代表性自然间 10%，但不应少于 3 间，每间不应少于 2 处
		混水墙、柱	8		
3	门窗洞口高、宽（后塞口）		±5	用尺检查	检验批洞口的 10%，且不少于 5 处
4	外墙上下窗口偏移		20	以底层窗口为准，用经纬仪或吊线检查	检验批的 10%，且不应少于 5 处
5	水平灰缝平直度	清水墙	7	拉 10m 线和尺检查	有代表性自然间 10%，但不应少于 3 间，每间不应少于 2 处
		混水墙	10		
6	清水墙游丁走缝		20	吊线和尺检查，以每层第一皮砖为准	有代表性自然间 10%，但不应少于 3 间，每间不应少于 2 处

2-9　空心砖砌体工程质量

空心砖砌体质量是指烧结空心砖、蒸压灰砂空心砖墙体的质量。

空心砖砌体工程检验批验收时，其主控项目应全部符合规定；一般项目应有 80% 及以上的抽检处符合规定，或偏差值在允许偏差范围以内。

2-9-1　空心砖砌体工程主控项目

空心砖和砌筑砂浆的强度等级应符合设计要求。

检验方法：检查砖的产品合格证书、产品性能检测报告和砂浆试块试验报告。

2-9-2　空心砖砌体工程一般项目

1. 空心砖砌体一般尺寸的允许偏差应符合表 2-39 的规定。

空心砖砌体一般尺寸允许偏差　　　　　　　　　表 2-39

项次	项　目		允许偏差（mm）	检 验 方 法
1	轴线位移		10	用尺检查
	垂直度	小于或等于 3m	5	用 2m 托线板或吊线、尺检查
		大于 3m	10	
2	表面平整度		8	用 2m 靠尺和楔形塞尺检查
3	门窗洞口高、宽（后塞口）		±5	用尺检查
4	外墙上、下窗口偏移		20	用经纬仪或吊线检查

抽检数量：

(1) 对表中 1、2 项，在检验批的标准间中随机抽查 10%，但不应少于 3 间；大面积房间和楼道按两个轴线或每 10 延长米按一标准间计数。每间检验不应少于 3 处。

(2) 对表中 3、4 项，在检验批中抽检 10%，且不应少于 5 处。

2. 空心砖砌体的水平灰缝砂浆饱满度应≥80%；垂直灰缝应填满砂浆，不得有透明缝、瞎缝、假缝。

抽检数量：每步架子不少于 3 处，且每处不应少于 3 块。

检验方法：用百格网检查空心砖底面砂浆的粘结痕迹面积。

3. 空心砖砌体留置的拉结钢筋或网片的位置应与砖皮数相符合。拉结钢筋或网片应置于灰缝中，埋置长度应符合设计要求。竖向位置偏差不应超过一皮砖高度。

抽检数量：在检验批中抽检 20%，且不应少于 5 处。

检验方法：观察和用尺检查。

4. 空心砖砌筑时应错缝搭砌，搭砌长度不应小于空心砖长度的 1/3；竖向通缝不应大于 2 皮砖。

抽检数量：在检验批的标准间中抽查 10%，且不应少于 3 间。

检验方法：观察和用尺检查。

5. 空心砖砌体的水平灰缝厚度和垂直灰缝宽度应为 8~12mm。

抽检数量：在检验批的标准间中抽查 10%，且不应少于 3 间。

检验方法：用尺量 5 皮空心砖和 2m 砌体长度折算。

6. 空心砖墙砌至接近梁、板底时，应留一定空隙，待空心砖墙砌筑完并应至少间隔 7d 后，再将其补砌挤紧。

抽检数量：每检验批抽 10% 空心砖墙片（每两柱间的空心砖墙为一墙片），且不应少于 3 片墙。

检验方法：观察检查。

3 混凝土小型空心砌块砌体工程

3-1 砌筑用小砌块

3-1-1 普通混凝土小型空心砌块

普通混凝土小型空心砌块(简称普通混凝土小砌块)是以普通混凝土浇筑预制而成。普通混凝土的原材料采用水泥、砂、碎石或卵石、水及外加剂等。

普通混凝土小砌块主规格尺寸为 390mm×190mm×190mm，其他规格尺寸可由供需方协商。最小外壁厚应不小于 30mm，最小肋厚应不小于 25mm。空心率应不小于 25%(图 3-1)。

普通混凝土小砌块按其尺寸偏差、外观质量分为：优等品、一等品、合格品。

普通混凝土小砌块尺寸允许偏差应符合表 3-1 的规定。

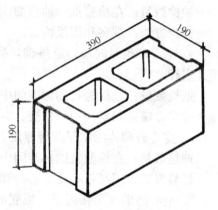

图 3-1 混凝土小砌块

普通混凝土小砌块尺寸允许偏差(mm)　　　表 3-1

项 目	优 等 品	一 等 品	合 格 品
长 度	±2	±3	±3
宽 度	±2	±3	±3
高 度	±2	±3	+3，-4

普通混凝土小砌块外观质量应符合表 3-2 的规定。

普通混凝土小砌块外观质量(mm)　　　表 3-2

项 目		优 等 品	一 等 品	合 格 品
弯 曲	不大于	2	2	3
掉角缺棱	个 数 不大于	0	2	2
	三个方向的投影尺寸的最小值 不大于	0	20	30
裂纹延伸的投影尺寸累计不大于		0	20	30

普通混凝土小砌块按其强度等级分为 MU3.5、MU5.0、MU7.5、MU10.0、MU15.0、MU20.0。

普通混凝土小砌块强度等级应符合表 3-3 的规定。

普通混凝土小砌块强度等级（MPa）　　　　表 3-3

强度等级	砌块抗压强度	
	5 块平均值不小于	单块最小值不小于
MU3.5	3.5	2.8
MU5.0	5.0	4.0
MU7.5	7.5	6.0
MU10.0	10.0	8.0
MU15.0	15.0	12.0
MU20.0	20.0	16.0

普通混凝土小砌块相对含水率应符合表 3-4 的规定。

普通混凝土小砌块相对含水率（%）　　　　表 3-4

使用地区		潮湿	中等	干燥
相对含水率	不大于	45	40	35

注：潮湿——指年平均相对湿度大于 75% 的地区；
　　中等——指年平均相对湿度 50%～75% 的地区；
　　干燥——指年平均相对湿度小于 50% 的地区。

用于清水墙的普通混凝土小砌块，其抗渗性应满足表 3-5 的规定。

普通混凝土小砌块抗渗性（mm）　　　　表 3-5

项目	指标
水面下降高度	三块中任一块不大于 10

普通混凝土小砌块抗冻性应符合表 3-6 的规定。

普通混凝土小砌块抗冻性　　　　表 3-6

使用环境条件		抗冻等级	指标
非采暖地区		不规定	
采暖地区	一般环境	F15	强度损失≤25%
	干湿交替环境	F25	质量损失≤5%

注：非采暖地区指最冷月份平均气温高于 -5℃ 的地区；
　　采暖地区指最冷月份平均气温低于或等于 -5℃ 的地区。

3-1-2　轻骨料混凝土小型空心砌块

轻骨料混凝土小型空心砌块（简称轻骨料混凝土小砌块）是以轻骨料混凝土浇筑预制而成。轻骨料混凝土的原材料采用水泥、陶粒和陶砂、膨胀珍珠岩、粉煤灰、砂、水及外加剂等。

轻骨料混凝土小砌块主规格尺寸为 390mm×190mm×190mm，其他规格尺寸可由供需双方商定。按其孔的排数分为：单排孔、双排孔、三排孔和四排孔。最小外壁厚和肋厚不应小于 20mm。

轻骨料混凝土小砌块按其尺寸允许偏差、外观质量分为：一等品（B）、合格品（C）。

轻骨料混凝土小砌块尺寸允许偏差应符合表 3-7 的规定。

轻骨料混凝土小砌块尺寸允许偏差(mm) 表 3-7

项 目	一 等 品	合 格 品
长 度	±2	±3
宽 度	±2	±3
高 度	±2	±3

轻骨料混凝土小砌块外观质量应符合表 3-8 的规定。

轻骨料混凝土小砌块外观质量(mm) 表 3-8

项 目		一 等 品	合 格 品
缺棱掉角	个数 不多于	0	2
	3 个方向投影的最小值 不大于	0	30
裂纹延伸投影的累计尺寸	不大于	0	30

轻骨料混凝土小砌块按其密度等级分为：500、600、700、800、900、1000、1200、1400 八个等级。

轻骨料混凝土小砌块密度等级应符合表 3-9 的规定，其规定值最大偏差为 100kg/m³。

轻骨料混凝土小砌块密度等级 表 3-9

密 度 等 级	砌块干燥表现密度的范围	密 度 等 级	砌块干燥表现密度的范围
500	≤500	900	810～900
600	510～600	1000	910～1000
700	610～700	1200	1010～1200
800	710～800	1400	1210～1400

轻骨料混凝土小砌块按其强度等级分为：MU1.5、MU2.5、MU3.5、MU5.0、MU7.5、MU10.0 六个等级。

轻骨料混凝土小砌块强度等级应符合表 3-10 的规定，符合表 3-10 要求者为一等品；密度等级范围不满足要求者为合格品。

轻骨料混凝土小砌块强度等级 表 3-10

强度等级	砌块抗压强度(MPa)		密度等级范围
	5 块平均值不小于	单块最小值不小于	
MU1.5	1.5	1.2	≤600
MU2.5	2.5	2.0	≤800
MU3.5	3.5	2.8	≤1200
MU5.0	5.0	4.0	
MU7.5	7.5	6.0	≤1400
MU10.0	10.0	8.0	

轻骨料混凝土小砌块吸水率不应大于 20%。干缩率和相对含水率应符合表 3-11 的规定。

轻骨料混凝土小砌块抗冻性应符合表 3-12 的规定。

轻骨料混凝土小砌块相对含水率(%)　　　　　　　　　　　　表 3-11

干缩率 (%)	相对含水率(%)		
	潮湿	中等	干燥
<0.03	45	40	35
0.03~0.045	40	35	30
>0.045~0.065	35	30	25

注：潮湿——指年平均相对湿度大于75%的地区；
　　中等——指年平均相对湿度50%~75%的地区；
　　干燥——指年平均相对湿度小于50%的地区。

轻骨料混凝土小砌块抗冻性　　　　　　　　　　　　　　　　　表 3-12

使用环境条件	抗冻等级	重量损失(%)	强度损失(%)
非采暖地区	F15	≤5	≤25
采暖地区：相对湿度≤60%	F25		
相对湿度>60%	F35		
水位变化、干湿循环或粉煤灰掺量≥取代水泥量50%	≥F50		

注：1. 非采暖地区指最冷月份平均气温高于−5℃的地区；
　　　采暖地区指最冷月份平均气温低于或等于−5℃的地区。
　　2. 抗冻性合格的砌块，外观质量也应符合表 3-8 要求。

3-1-3 小砌块砌筑砂浆

混凝土小型空心砌块砌筑砂浆(简称小砌块砌筑砂浆)是由水泥、砂、水及适量的掺合料和外加剂等组分，按一定比例，采用机械拌和制成，专用于砌筑混凝土小型空心砌块。

砌筑砂浆原材料要求：

1. 水泥：宜采用普通硅酸盐水泥或矿渣硅酸盐水泥。水泥强度等级不低于32.5级。
2. 砂：宜用中砂。
3. 石灰膏：采用生石灰熟化成石灰膏时，应用孔径不大于3mm×3mm的网过滤，熟化时间不少于7d，沉淀池中贮存的石灰膏，应采取防止干燥、冻结和污染措施，严禁使用脱水硬化的石灰膏。
4. 掺加料：粉煤灰各项指标应符合要求(参见表1-1)。采用其他的掺加料，在使用前需进行试验验证，能满足砂浆和砌体性能时方可使用。
5. 外加剂：外加剂包括减水剂、早强剂、促凝剂、缓凝剂、防冻剂、颜料等。外加剂的应用应符合《混凝土外加剂应用技术规范》(GB 50119—2003)的规定。
6. 水：应采用洁净的饮用水。

砌筑砂浆技术要求：

1. 强度等级：按其抗压强度分为 Mb5.0、Mb7.5、Mb10.0、Mb15.0、Mb20.0、Mb25.0 和 Mb30.0 七个等级，其抗压强度指标相应于 M5.0、M7.5、M10.0、M15.0、M20.0、M25.0 和 M30.0 等级的一般砌筑砂浆抗压强度指标。
2. 密度：水泥砂浆不应小于 1900kg/m^3，水泥混合砂浆不应小于 1800kg/m^3。
3. 稠度：50~80mm。

4. 分层度：10～30mm。

5. 抗冻性：设计有抗冻性要求的砌筑砂浆，经冻融试验，质量损失不应大于5%，强度损失不应大于25%。

小砌块砌筑砂浆配合比设计与确定应参照一般砌筑砂浆配合比的有关规定进行。各强度等级的砂浆强度标准差（σ）按表3-13采用。

小砌块砌筑砂浆强度标准差（σ）选用值（MPa）   表3-13

施工水平	砂浆强度等级						
	Mb5.0	Mb7.5	Mb10.0	Mb15.0	Mb20.0	Mb25.0	Mb30.0
优 良	1.00	1.50	2.00	3.00	4.00	5.00	6.00
一 般	1.25	1.88	2.50	3.75	5.00	6.25	7.50
较 差	1.50	2.25	3.00	4.50	6.00	7.50	8.00

小砌块砌筑砂浆搅拌要求：

1. 原材料应按其重量计量，允许偏差不得超过下列规定：

（1）水泥、水、外加剂、掺加料为±2%；

（2）砂为±3%。

2. 必须采用砂浆搅拌机进行搅拌。

3. 搅拌加料顺序和搅拌时间：先加砂、掺加料和水泥干拌1min，再加水湿拌，总的搅拌时间不得少于4min。若加外加剂，则在湿拌1min后加入。

4. 冬期施工采用热水搅拌时，热水温度不得超过80℃。

3-1-4 小砌块灌孔混凝土

混凝土小型空心砌块灌孔混凝土（简称小砌块灌孔混凝土）是由水泥、骨料、水以及根据需要掺入的掺合料和外加剂等组分，按一定的比例，采用机械搅拌后，用于浇筑混凝土小型空心砌块砌体芯柱或其他需要填实部位孔洞的混凝土。

小砌块灌孔混凝土按其抗压强度分为Cb20、Cb25、Cb30、Cb35、Cb40五个强度等级，相应于C20、C25、C30、C35、C40混凝土的抗压强度。

小砌块灌孔混凝土的坍落度不宜小于180mm。

混凝土拌合物应均匀、颜色一致、不离析、不泌水。

设计有抗冻性要求的小砌块灌孔混凝土，按设计要求经冻融试验，质量损失不应大于5%，强度损失不应大于25%。

小砌块灌孔混凝土的配合比设计和确定应参照《普通混凝土配合比设计规程》（JGJ 55）的有关规定进行。

小砌块灌孔混凝土的原材料应按重量计量，允许偏差不得超过下列规定的数量：

1. 水泥、水、掺合料、外加剂 ·· ±2%；

2. 骨料 ··· ±3%。

小砌块灌孔混凝土搅拌，应优先采用强制式搅拌机，当采用自落式搅拌机时应适当延长其搅拌时间。搅拌加料顺序和搅拌时间：先加粗骨料、掺合料、水泥干拌1min，再加水湿拌1min，最后加外加剂搅拌，总的搅拌时间不宜少于5min。

3-2 混凝土小型空心砌块砌体构造

3-2-1 一般构造要求

普通混凝土小型空心砌块可砌筑基础、墙、柱。轻骨料混凝土小型空心砌块仅可砌筑非承重的填充墙体。

混凝土小砌块基础，一般砌成阶梯形，每砌一皮或二皮收进一次，每次每边各收进100mm(图3-2)。

混凝土小砌块墙，一般采用全顺砌法，上下皮竖向灰缝互相错开200mm，并且上下孔对齐。墙厚为190mm(图3-3)。

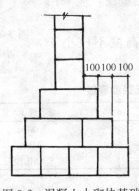

图3-2 混凝土小砌块基础

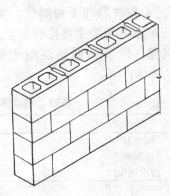

图3-3 混凝土小砌块墙

混凝土小砌块夹心墙，由主墙、叶墙及保温层组成，主墙采用普通混凝土小砌块；叶墙采用轻骨料混凝土小砌块，主墙与叶墙之间用拉结件或钢筋网片予以拉结。当采用环形拉结件时，钢筋直径不应小于4mm；当采用Z形拉结件时，钢筋直径不应小于6mm。拉结件应沿竖向梅花形布置，拉结件的水平最大间距不宜大于800mm；拉结件的竖向最大间距不宜大于600mm。钢筋网片的横向钢筋直径不应小于4mm，其间距不应大于400mm；网片的竖向间距不宜大于600mm。拉结件或钢筋网片在叶墙上的搁置长度，不应小于叶墙厚度的2/3，并不应小于60mm(图3-4)。保温层厚度不宜大于100mm。

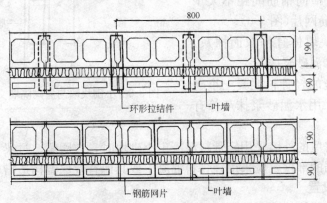

图3-4 混凝土小砌块夹心墙

混凝土小砌块柱截面应呈方形或矩形，截面最小尺寸为390mm×390mm。各皮砌块应对孔错缝，错缝长度应不小于190mm(图3-5)。

五层及五层以上房屋的墙，以及受振动或层高大于6m的墙、柱，所用混凝土小砌块的强度等级不应低于MU7.5，所用砌筑砂浆的强度等级不应低于Mb5。

基础、潮湿房间的墙，所用材料的最低强度等级应符合表3-14的要求。

混凝土小砌块房屋，宜将纵横墙交接处、距墙中心线每边不小于300mm范围内的孔洞，采用不低于Cb20灌孔混凝土灌实，灌实高度应为墙体全高。

混凝土小砌块墙的下列部位，如未设圈梁或混凝土垫块，应采用不低于Cb20灌孔混凝土将孔洞灌实：

1. 搁栅、檩条和钢筋混凝土楼板的支承面下，高度不应小于200mm的砌体；

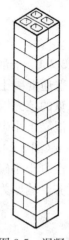

图3-5　混凝土小砌块柱

基础、潮湿房间的墙所用材料的最低强度等级　　　　表3-14

基土潮湿程度	混凝土小砌块	砌筑砂浆
稍潮湿的	MU7.5	Mb5
很潮湿的	MU7.5	Mb7.5
含水饱和的	MU10	Mb10

2. 屋架、梁等构件的支承面下，高度不应小于600mm，长度不应小于600mm的砌体；

3. 挑梁支承面下，距墙中心线每边不应小于300mm，高度不应小于600mm的砌体。

混凝土小砌块墙与后砌隔墙交接处，应沿墙高每400mm在水平灰缝内设置不少于2φ4，横向钢筋间距不大于200mm的焊接钢筋网片(图3-6)。

混凝土小砌块墙体宜作双面抹灰，室外勒脚处应作水泥砂浆抹灰。

处于潮湿环境的轻骨料混凝土小砌块墙体，墙面应采用水泥砂浆抹灰等有效的防潮措施。

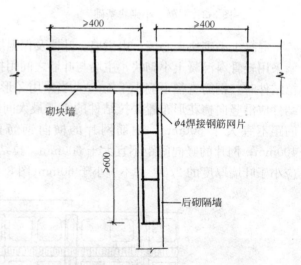

图3-6　小砌块墙与后砌隔墙交接处钢筋网片

寒冷地区，房屋的外墙采用轻骨料混凝土小砌块时，在圈梁、过梁、芯柱及其他外墙保温性能受到削弱的部位，应采用轻骨料混凝土或其他有效保温构造措施。

3-2-2　芯柱设置

混凝土小砌块墙体的下列部位宜设置芯柱：

1. 在外墙转角、楼梯间四角的纵横墙交接处的三个孔洞，宜设置素混凝土芯柱；

2. 五层及五层以上的房屋，应在上述部位设置钢筋混凝土芯柱(图3-7)。

芯柱应符合下列构造要求：

1. 芯柱截面不宜小于120mm×120mm，宜用Cb20灌孔混凝土灌实，也可用不低于C20细石混凝土灌实。

2. 钢筋混凝土芯柱中的竖向钢筋不应小于1φ10，底部应伸入室内地面下500mm或与基础圈梁锚固，顶部与屋盖圈梁锚固。

3. 芯柱应沿房屋全高贯通，并与各层圈梁整体现浇；可采用图3-8的做法。

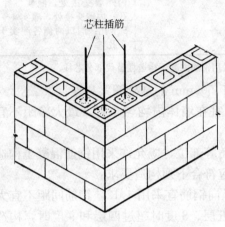

图3-7 钢筋混凝土芯柱

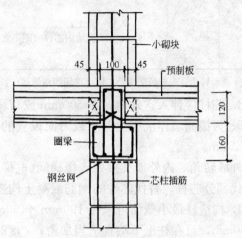

图3-8 芯柱贯穿楼板的构造

4. 在钢筋混凝土芯柱处，沿墙高每隔600mm应设φ4钢筋网片拉结，每边伸入墙体不小于600mm(图3-9)。

3-2-3 抗震构造措施

多层混凝土小砌块房屋应按表3-15的要求设置钢筋混凝土芯柱，对医院、教学楼等横墙较少的房屋，应根据房屋增加一层后的层数，按表3-15的要求设置芯柱。

钢筋混凝土芯柱，应符合下列构造要求：

1. 芯柱截面不应小于120mm×120mm。

2. 芯柱混凝土强度等级不应低于C20。

3. 芯柱的竖向钢筋应贯通墙体且与圈梁连接；竖向钢筋不应小于1φ12，7度时超过五层、8度时超过四层和9度时，竖向钢筋不应小于1φ14。

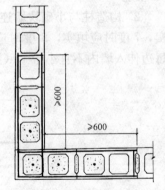

图3-9 钢筋混凝土芯柱处钢筋网片拉结

小砌块房屋芯柱设置要求 表3-15

房屋层数			设置部位	设置数量
6度	7度	8度		
四、五	三、四	二、三	外墙转角，楼梯间四角，大房间内外墙交接处；隔15m或单元横墙与外纵墙交接处	外墙转角，灌实3个孔；内外墙交接处，灌实4个孔
六	五	四	外墙转角，楼梯间四角，大房间内外墙交接处，山墙与内纵墙交接处，隔开间横墙(轴线)与外纵墙交接处	

续表

房屋层数			设置部位	设置数量
6度	7度	8度		
七	六	五	外墙转角,楼梯间四角;各内墙(轴线)与外纵墙交接处;8、9度时,内纵墙与横墙(轴线)交接处和洞口两侧	外墙转角,灌实5个孔;内外墙交接处,灌实4个孔;内墙交接处,灌实4～5个孔;洞口两侧各灌实1个孔
	七	六	同上;横墙内芯柱间距不宜大于2m	外墙转角,灌实7个孔;内外墙交接处,灌实5个孔;内墙交接处,灌实4～5个孔;洞口两侧各灌实1个孔

注:外墙转角、内外墙交接处、楼电梯间四角等部位,应允许采用钢筋混凝土构造柱替代部分芯柱。

4. 芯柱应伸入室外地面下500mm或与埋深小于500mm的基础圈梁相连。

5. 为提高墙体抗震受剪承载力而设置的芯柱,宜在墙体内均匀布置,最大净距不宜大于2.0m。

外墙转角、内外墙交接处、楼梯间(电梯间)四角等部位,应允许采用钢筋混凝土构造柱替代部分芯柱。替代芯柱的钢筋混凝土构造柱,应符合下列构造要求:

1. 构造柱最小截面可采用190mm×190mm。纵向钢筋宜采用4φ12,箍筋间距不宜大于250mm,且在柱上下端宜适当加密;7度时超过五层、8度时超过四层和9度时,构造柱纵向钢筋宜采用4φ14,箍筋间距不应大于200mm;外墙转角的构造柱可适当加大截面及配筋。

2. 构造柱与小砌块墙连接处应砌成马牙槎与构造柱相邻的小砌块孔洞,6度时宜填实,7度时应填实,8度时应填实并插入钢筋;沿墙高每隔600mm应设拉结钢筋网片,每边伸入墙内不宜小于1m(图3-10)。

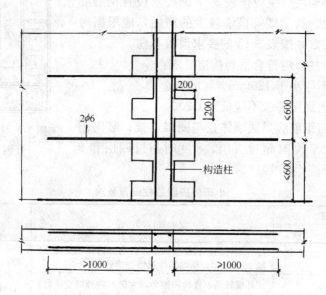

图3-10 混凝土小砌块墙构造柱

3. 构造柱与圈梁连接处，构造柱的纵筋应穿过圈梁，保证构造柱纵筋上下贯通。

4. 构造柱可不单独设置基础，但应伸入室外地面下500mm，或与埋深小于500mm的基础圈梁相连。

混凝土小砌块房屋墙体交接处或芯柱与墙交接处应设置拉结钢筋网片，网片可采用直径4mm的钢筋点焊而成，沿墙高每隔600mm设置，每边伸入墙内不宜小于1m。

3-3 混凝土小型空心砌块砌体施工

3-3-1 施工准备

混凝土小砌块应按现行国家标准《普通混凝土小型空心砌块》（GB 8239）、《轻集料混凝土小型空心砌块》（GB/T 15229）及出厂合格证进行验收，必要时，可现场取样进行检验。

装卸混凝土小砌块时，严禁倾倒丢掷，并应堆放整齐。

堆放混凝土小砌块应符合下列要求：

1. 运到现场的小砌块，应分规格分等级堆放，堆垛上应设标志，堆放现场必须平整，并作排水；

2. 小砌块的堆放高度不宜超过1.6m，堆垛之间应保持适当的通道。

施工时所用的混凝土小砌块的产品龄期不应小于28d。承重墙体严禁使用断裂小砌块。

清除小砌块表面污物和芯柱用小砌块孔洞底部的毛边，剔除外观质量不合格的小砌块。

普通混凝土小砌块不宜浇水；当天气干燥炎热时，可在小砌块上稍加喷水润湿；轻骨料混凝土小砌块施工前可洒水，但不宜过多，表面有浮水时，不得施工。

基础施工前，应用钢尺校核房屋的放线尺寸，其允许偏差不应超过表3-16的规定。

房屋放线尺寸允许偏差　　　　　　　表3-16

长度L，宽度B的尺寸(m)	允许偏差(mm)	长度L，宽度B的尺寸(m)	允许偏差(mm)
L(B)≤30	±5	60<L(B)≤90	±15
30<L(B)≤60	±10	L(B)>90	±20

根据混凝土小砌块砌体的剖面图、小砌块厚度、砌体内构件位置等制作皮数杆，皮数杆上应绘出室内地面标高线、各皮小砌块厚度及水平灰缝厚度、砌体内构件位置等。皮数杆应设立在房屋四角或楼梯间转角处，皮数杆间距不宜超过15m。

3-3-2 砌筑要点

混凝土小砌块应对孔错缝搭砌。对孔，即上皮小砌块的孔洞对准下皮小砌块的孔洞，上、下皮小砌块的壁、肋可较好传递竖向荷载，保证砌体的整体性及强度。错缝，即上下皮小砌块竖向灰缝相互错开砌筑，以增强砌体的整体性。个别情况当无法对孔砌筑时，普通混凝土小砌块的搭接长度不应小于90mm；轻骨料混凝土小砌块的搭接长度不应小于90mm；当不能保证此规定时，应在水平灰缝中设置不少于2ϕ4的焊接钢筋网片（横向钢筋间距不宜大于200mm），网片每端均应超过该竖向灰缝，其长度不得小于300mm

(图 3-11)。

混凝土小砌块应底面朝上反砌。反砌，即小砌块生产时的底面朝上砌筑，易于摊铺砂浆和保证水平灰缝砂浆的饱满度。

混凝土小砌块墙体的转角处，应使纵、横墙小砌块隔皮露头搭砌，露头小砌块宜采用一头光平、一头有槽的辅助砌块；如用主规格小砌块，则用水泥砂浆抹平其露头面（图 3-12）。

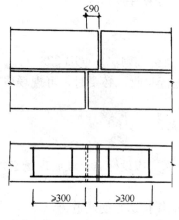

图 3-11 水平灰缝中拉结筋

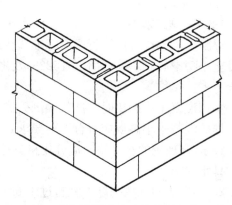

图 3-12 混凝土小砌块墙转角处

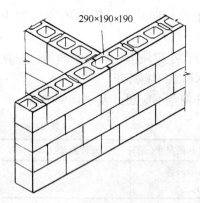

图 3-13 混凝土小砌块墙交接处

混凝土小砌块墙的丁字交接处，应使纵墙在交接处隔皮加砌一孔半的辅助砌块，辅助砌块尺寸为 290mm×190mm×190mm，半孔是开口的，两块辅助砌块开口处相接；横墙小砌块隔皮露头，露头小砌块宜采用一头光平，一头有槽的辅助砌块（图 3-13）。

需要移动已砌好砌体的小砌块或被撞动的小砌块时，应重新铺浆砌筑。

对设计规定的洞口、管道、沟槽和预埋件等，应在砌筑时预留或预埋，严禁在砌好的砌体上打凿。在小砌块墙体中不得预留水平沟槽。

混凝土小砌块砌体内不宜设脚手眼，如必须设置时，可用 190mm×190mm×190mm 小砌块侧砌，利用其孔洞作脚手眼，砌体完工后用 C15 混凝土填实。但在墙体下列部位不得设置脚手眼：

1. 过梁上部，与过梁成 60 度角的三角形及过梁跨度 1/2 范围内；
2. 宽度不大于 800mm 的窗间墙；
3. 梁和梁垫下及其左右各 500mm 的范围内；
4. 门窗洞口两侧 200mm 内和墙体交接处 400mm 的范围内；
5. 设计规定不允许设脚手眼的部位。

施工中需要在砌体中设置的临时施工洞口，其侧边离交接处的墙面不应小于 600mm，并在洞口顶部设过梁；填砌施工洞口的砌筑砂浆强度等级应提高一级。

混凝土小砌块砌体的砌筑高度应根据气温、风压、砌体部位及小砌块材质等不同情况分别控制。常温条件下的日砌筑高度，普通混凝土小砌块控制在1.8m以内；轻骨料混凝土小砌块控制在2.4m内。

混凝土小砌块砌体相邻工作段的高度差不得大于一个楼层高或4m。

3-3-3 芯柱施工

芯柱部位宜采用不封底的通孔混凝土小砌块，当采用半封底小砌块时，砌筑前必须清除掉孔洞毛边。

在楼(地)面砌筑第一皮小砌块时，在芯柱部位，应用开口砌块(或U型砌块)砌出操作孔，在操作孔侧面宜预留连通孔。必须清除芯柱孔洞内的杂物及削掉孔内凸出的砂浆，用水冲洗干净，校正钢筋位置并绑扎或焊接固定。

芯柱钢筋应与基础梁中的预埋钢筋连接，上下楼层的钢筋可在楼板面上搭接，搭接长度不小于钢筋直径的40倍。

砌筑砂浆强度达到1MPa以上时，方可浇灌芯柱混凝土。

浇灌芯柱的混凝土宜采用Cb20小砌块灌孔混凝土，也可采用C20普通混凝土，其坍落度不应小于90mm。

在浇灌芯柱混凝土前，应先注入适量与芯柱混凝土相同的去石水泥砂浆，再浇灌混凝土。

砌完一个楼层高度后，应连续浇灌芯柱混凝土。每浇灌400～500mm捣实一次，或边浇灌边捣实。捣实机具应采用插入式混凝土振动器，其振捣棒直径不应大于60mm。

芯柱与圈梁应整体现浇，如采用槽形小砌块作圈梁模壳时，其底部必须留出芯柱通过的孔洞。

楼板在芯柱部位应留缺口，保证芯柱贯通。

芯柱施工中，应设专人检查混凝土灌入量，认可之后，方可继续施工。

3-4 混凝土小型空心砌块砌体工程质量

混凝土小型空心砌块砌体工程质量是指普通混凝土小型空心砌块、轻骨料混凝土小型空心砌块砌体工程质量。

混凝土小型空心砌块砌体工程检验批验收时，其主控项目应全部符合规定；一般项目应有80%及以上的抽检处符合规定，或偏差值在允许偏差范围以内。

3-4-1 普通混凝土小型空心砌块砌体工程主控项目

1. 小砌块和砂浆的强度等级必须符合设计要求。

抽检数量：每一生产厂家，每1万块小砌块至少应抽检一组。用于多层以上建筑基础和底层的小砌块抽检数量不应少于2组。砂浆试块的抽检数量：每一检验批且不超过250m³砌体的各种类型及强度等级的砌筑砂浆，每台搅拌机应至少抽检一次。

检验方法：查小砌块和砂浆试块试验报告。

2. 砌体水平灰缝的砂浆饱满度，应按净面积计算不得低于90%；竖向灰缝饱满度不得小于80%，竖缝凹槽部位应用砌筑砂浆填实，不得出现瞎缝、透明缝。

抽检数量：每检验批不应少于3处。

检验方法：用专用百格网检测小砌块与砂浆粘结痕迹，每处检测3块小砌块，取其平均值。

3. 墙体转角处和纵横墙交接处应同时砌筑。临时间断处应砌成斜槎，斜槎水平投影长度不应小于高度的2/3（图3-14）。

抽检数量：每检验批抽20%接槎，且不应少于5处。

检验方法：观察检查。

4. 砌体的轴线偏移和垂直度偏差应符合表3-17的规定。

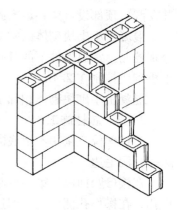

图3-14 混凝土小砌块砌体斜槎

砌体的位置及垂直度允许偏差　　　　　　表3-17

项次	项目		允许偏差(mm)	检验方法
1	轴线位置偏移		10	用经纬仪和尺检查或用其他测量仪器检查
2	垂直度	每层	5	用2m托线板检查
		≤10m	10	用经纬仪、吊线和尺检查，或用其他测量仪器检查
		>10m	20	

3-4-2 普通混凝土小型空心砌块砌体工程一般项目

1. 砌体的水平灰缝厚度和竖向灰缝宽度宜为10mm，但不应大于12mm，也不应小于8mm。

抽检数量：每层楼的检测点不应少于3处。

抽检方法：用尺量5皮小砌块的高度和2m砌体长度折算。

2. 小砌块砌体的一般尺寸允许偏差应符合表3-18的规定。

小砌块砌体一般尺寸允许偏差　　　　　　表3-18

项次	项目		允许偏差(mm)	检验方法	抽检数量
1	基础顶面和楼面标高		±15	用水平仪和尺检查	不应少于5处
2	表面平整度	清水墙、柱	5	用2m靠尺和楔形塞尺检查	有代表性自然间10%，但不应少于3间，每间不应少于2处
		混水墙、柱	8		
3	门窗洞口高、宽（后塞口）		±5	用尺检查	检验批洞口的10%，且不应少于5处
4	外墙上下窗口偏移		20	以底层窗口为准，用经纬仪或吊线检查	检验批的10%，且不应少于5处
5	水平灰缝平直度	清水墙	7	拉10m线和尺检查	有代表性自然间10%，但不应少于3间，每间不应少于2处
		混水墙	10		

3-4-3 轻骨料混凝土小型空心砌块砌体工程主控项目

小砌块和砌筑砂浆的强度等级应符合设计要求。

检验方法：检查小砌块的产品合格证书、产品性能检测报告和砂浆试块试验报告。

3-4-4 轻骨料混凝土小型空心砌块砌体工程一般项目

1. 轻骨料混凝土小砌块砌体一般尺寸的允许偏差应符合表3-19的规定。

轻骨料混凝土小砌块砌体一般尺寸允许偏差　　　　表3-19

项次	项目		允许偏差(mm)	检验方法
1	轴线位移		10	用尺检查
	垂直度	小于或等于3m	5	用2m托线板或吊线、尺检查
		大于3m	10	
2	表面平整度		8	用2m靠尺和楔形塞尺检查
3	门窗洞口高、宽(后塞口)		±5	用尺检查
4	外墙上、下窗口偏移		20	用经纬仪或吊线检查

检验数量：

（1）对表中1、2项，在检验批的标准间中随机抽查10%，但不应少于3间；大面积房间和楼道按两个轴线或每10延长米按一标准间计数。每间检验不应少于3处。

（2）对表中3、4项，在检验批中抽检10%，且不应少于5处。

2. 轻骨料混凝土小砌块砌体不应与其他块材混砌。

抽检数量：在检验批中抽检20%，且不应少于5处。

检验方法：外观检查。

3. 轻骨料混凝土小砌块砌体的水平灰缝及垂直灰缝的砂浆饱满度均不应小于80%。

抽检数量：每步架子不少于3处，且每处不应少于3块。

检验方法：用百格网检查小砌块底面砂浆的粘结痕迹面积。

4. 轻骨料混凝土小砌块砌体留置的拉结钢筋或网片的位置应与小砌块皮数相符合。拉结钢筋或网片应置于灰缝中，埋置长度应符合设计要求，竖向偏差不应超过一皮高度。

抽检数量：在检验批中抽检20%，且不应少于5处。

检验方法：观察和用尺量检查。

5. 砌筑时应错缝搭砌，轻骨料混凝土小砌块搭砌长度不应小于90mm；竖向通缝不应大于2皮。

抽检数量：在检验批的标准间中抽查10%，且不应少于3间。

检验方法：观察和用尺检查。

6. 砌体的灰缝厚度和宽度应正确。轻骨料混凝土小砌块的砌体灰缝应为8~12mm。

抽检数量：在检验批的标准间中抽查10%，且不应少于3间。

检验方法：用尺量5皮小砌块的高度和2m砌体长度折算。

7. 轻骨料混凝土小砌块墙砌至接近梁、板底时，应留一定空隙，待墙体砌筑完并应至少间隔7d后，再将其补砌挤紧。

抽检数量：每验收批抽10%墙片（每两柱间的墙体为一墙片），且不应少于3片墙。

检验方法：观察检查。

4 石砌体工程

4-1 砌筑用石材

石砌体采用的石材应质地坚实,无风化剥落和裂纹。用于清水墙、柱表面的石材,尚应色泽均匀。

石材表面的污垢、水锈等杂质,砌筑前应清除干净。

石材按其加工后的外形规则程度,可分为料石和毛石。

料石:

1. 细料石:通过细加工,外表规则,叠砌面凹入深度不应大于 10mm,截面的宽度、高度不宜小于 200mm,且不宜小于长度的 1/4。

2. 半细料石:规格尺寸同上,但叠砌面凹入深度不应大于 15mm。

3. 粗料石:规格尺寸同上,但叠砌面凹入深度不应大于 20mm。

4. 毛料石:外形大纹方正,一般不加工或仅稍加修整,高度不应小于 200mm,叠砌面凹入深度不应大于 25mm。

毛石分为乱毛石和平毛石。乱毛石是指形状不规则的石块;平毛石是指形状不规则,但有两个平面大致平行的石块。毛石应呈块状,其中部厚度不宜小于 200mm。

石材的强度等级,可用边长为 70mm 立方体试块的抗压强度表示,抗压强度取三个试件破坏强度的平均值。石材的强度等级分有:MU100、MU80、MU60、MU50、MU40、MU30 和 MU20。

4-2 石砌体工程施工

4-2-1 毛石砌体施工

毛石砌体有毛石基础、毛石墙。

毛石基础截面可采用矩形、梯形、阶梯形,其顶面宽度应比墙厚大 100mm 以上,底面宽度由设计计算而定(图 4-1)。

毛石墙的厚度应不小于 300mm。

毛石砌体宜分皮卧砌,各皮石块间应利用自然形状经敲打修整使能与先砌石块基本吻合、搭砌紧密;应上下错缝,内外搭砌,不得采用外面侧立石块中间填心的砌筑方法。砌体中间不得有铲口石(尖石倾斜向外的石块)、斧刃石(尖石向下的石块)和过桥石(仅在两端搭砌的石块)(图 4-2)。

毛石砌体的灰缝厚度宜为 20~30mm,石块间不得有相互接触现象。石块间较大的空隙应先填塞砂浆后用碎石块嵌实,不得采用先摆碎石块后塞砂浆或干填碎石块的

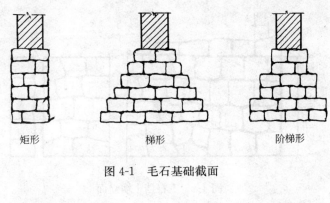

图 4-1 毛石基础截面

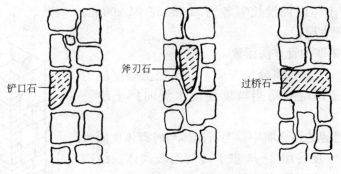

图 4-2 铲口石、斧刃石、过桥石

方法。

砌筑毛石基础的第一皮石块应座浆,并将石块大面向下。阶梯形毛石基础,其上级阶梯的石块应至少压砌下级阶梯石块的 1/2,相邻阶梯的毛石应相互错缝搭砌(图 4-3)。

毛石砌体的第一皮及转角处、交接处和洞口处,应用较大的平毛石砌筑。

毛石砌体必须设置拉结石。拉结石应均匀分布,相互错开。毛石基础同皮内每隔 2m 左右设置一块;毛石墙一般每 0.7m² 墙面至少应设置一块,且同皮内的中距不应大于 2m。

拉结石长度:如基础宽度或墙厚等于或小于 400mm,应与基础宽度或墙厚相等;如基础宽度或墙厚大于 400mm,可用两块拉结石内外搭接,搭接长度不应小于 150mm,且其中一块长度不应小于基础宽度或墙厚的 2/3。

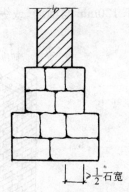

图 4-3 阶梯形毛石基础砌筑

砌筑毛石挡土墙应符合下列规定(图 4-4):

1. 每砌 3~4 皮为一个分层高度,每个分层高度应找平一次;
2. 外露面的灰缝厚度不得大于 40mm,两个分层高度间分层处的错缝不得小于 80mm。

挡土墙的泄水孔当设计无规定时,施工应符合下列规定:

1. 泄水孔应均匀设置,在每米高度上间隔 2m 左右设置一个泄水孔;

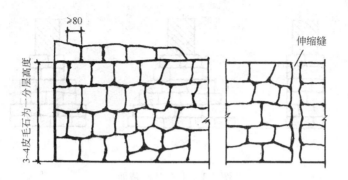

图 4-4 毛石挡土墙立面

2. 泄水孔与土体间铺设长宽各为 300mm，厚 200mm 的卵石或碎石作疏水层；

3. 泄水孔宜采取抽管方法留置。

挡土墙内侧回填土必须分层夯填，分层松土厚度应为 300mm。挡土墙土面应有适当坡度使流水流向挡土墙外侧面。

在毛石和普通砖的组合墙中，毛石砌体与砖砌体应同时砌筑，并每隔 4～6 皮砖用 2～3 皮丁砖与毛石砌体拉结砌合，两种砌体间的空隙应用砂浆填满(图 4-5)。

毛石墙与普通砖墙相接的转角处和交接处应同时砌筑。

转角处应自纵墙(或横墙)每隔 4～6 皮砖高度砌出不小于 120mm 与横墙(或纵墙)相接(图 4-6)。

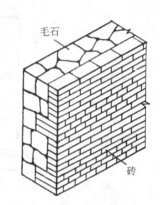

图 4-5 毛石和普通砖组合墙

 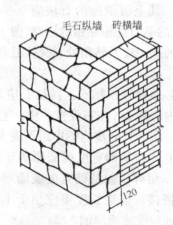

图 4-6 毛石墙和砖墙相接的转角处

交接处应自纵墙每隔 4～6 皮砖高度砌出不小于 120mm 与横墙相接(图 4-7)。

毛石砌体每日的砌筑高度，不应超过 1.2m。

4-2-2 料石砌体施工

料石砌体有料石基础、料石墙、料石柱。料石还可作窗台板、过梁，砌成料石拱等。

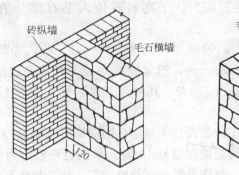
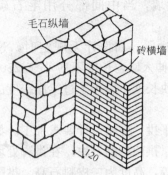

图 4-7　毛石墙和砖墙相接的交接处

料石基础截面可采用矩形、阶梯形，其顶面宽度应比墙厚大 100mm 以上，底面宽度由设计计算而定（图 4-8）。

料石墙的厚度不应小于 200mm。

料石柱截面呈矩形，其边长不应小于 400mm。

料石砌体应上下错缝搭砌，搭砌长度不应小于料石宽度的 1/2。砌体厚度等于或大于两块料石宽度时，如同皮内全部采用顺砌，每砌两皮后，应砌一皮丁砌层；如同皮内采用丁顺组砌，丁砌石应交错设置，其中心间距不应大于 2m。

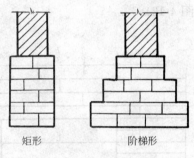

图 4-8　料石基础截面

料石基础的第一皮应用丁砌层座浆砌筑。阶梯形料石基础，上级阶梯的料石应至少压砌下级阶梯料石的 1/3（图 4-9）。

料石砌体的灰缝厚度：细料石砌体不宜大于 5mm；半细料石砌体不宜大于 10mm；粗料石和毛料石砌体不宜大于 20mm。

在料石和普通砖组合墙中，料石砌体和砖砌体应同时砌筑，并每隔 2~3 皮料石用丁砌层与砖砌体拉结砌合。丁砌料石的长度宜与组合墙厚度相同（图 4-10）。

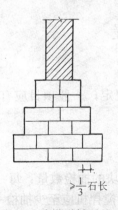

图 4-9　阶梯形料石基础

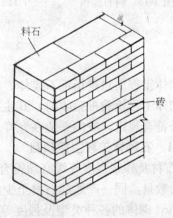

图 4-10　料石和普通砖组合墙

料石挡土墙，当中间部分用毛石砌时，丁砌料石伸入毛石部分的长度不应小于200mm。

用料石作过梁，如设计无规定时，过梁厚度应为200～450mm，净跨度不宜大于1.2m，两端各伸入墙内长度不应小于250mm，过梁宽度与墙厚相等。过梁上续砌料石时，其正中石块长度不应小于过梁净跨度的1/3，其两旁应砌不小于2/3过梁净跨度的料石（图4-11）。

用料石作平拱，应按设计要求加工。如设计无规定，则应加工成楔形（上宽下窄），斜度应预先设计，拱两端的石块，在拱脚处坡度以60°为宜。平拱石块数应为单数。平拱的厚度与墙厚相等，高度为二皮料石高。拱脚处斜面应修整加工，使其与拱石相吻合。砌筑时，应先支设模板，并以两边对称地向中间砌，正中一块锁石要挤紧。所用砂浆强度等级不低于M10，灰缝厚度宜为5mm。拆模时，砂浆强度必须大于设计强度的70%（图4-12）。

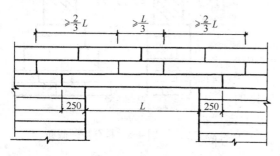

图4-11 料石过梁

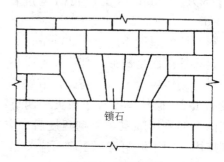

图4-12 料石平拱

图4-13 料石圆拱

用料石作圆拱，应按设计进行细加工，使其接触面吻合严密，各石块的形状及尺寸应力求一致。砌筑时应先支模，并由拱脚对称地向中间砌，正中一块拱冠石要对中挤紧。所用砂浆强度等级应不低于M10。灰缝厚度宜为5mm。拆模时，砂浆强度必须大于设计强度的70%（图4-13）。

4-3 石砌体工程质量

石砌体工程质量是指毛石砌体、料石砌体工程质量。

石砌体工程检验批验收时，其主控项目应全部符合规定；一般项目应有80%及以上的抽检处符合规定，或偏差值在允许偏差范围以内。

4-3-1 石砌体工程主控项目

1. 石材及砂浆强度等级必须符合设计要求。

抽检数量：同一产地的石材至少应抽检一组。砂浆试块的抽检数量：每一检验批且不超过250m³砌体的各种类型及强度等级的砌筑砂浆，每台搅拌机应至少抽检一次。

检验方法：料石检查产品质量证明书，石材、砂浆检查试块试验报告。

2. 砂浆饱满度不应小于80%。

抽检数量：每步架抽查不应少于1处。

检验方法：观察检查。

3. 石砌体的轴线位置及垂直度允许偏差应符合表4-1的规定。

石砌体的轴线位置及垂直度允许偏差　　　　表4-1

项次	项目		允许偏差(mm)						检验方法
			毛石砌体		料石砌体				
					毛料石		粗料石		细料石	
			基础	墙	基础	墙	基础	墙	墙、柱	
1	轴线位置		20	15	20	15	15	10	10	用经纬仪和尺检查，或用其他测量仪器检查
2	墙面垂直度	每层		20		20		10	7	用经纬仪、吊线和尺检查或用其他测量仪器检查
		全高		30		30		25	20	

抽检数量：外墙，按楼层（或4m高以内）每20m抽查1处，每处3延长米，但不应少于3处；内墙，按有代表性的自然间抽查10%，但不应少于3间，每间不应少于2处，柱子不应少于5根。

4-3-2 石砌体工程一般项目

1. 石砌体的一般尺寸允许偏差应符合表4-2的规定。

石砌体的一般尺寸允许偏差　　　　表4-2

项次	项目		允许偏差(mm)						检验方法
			毛石砌体		料石砌体				
			基础	墙	基础	墙	基础	墙	墙、柱	
1	基础和墙砌体顶面标高		±25	±15	±25	±15	±15	±15	±10	用水准仪和尺检查
2	砌体厚度		+30	+20 -10	+30	+20 -10	+15	+10 -5	+10 -5	用尺检查
3	表面平整度	清水墙、柱	—	20	—	20		10	5	细料石用2m靠尺和楔形塞尺检查，其他用两直尺垂直于灰缝拉2m线和尺检查
		混水墙、柱	—	20	—	20		15		
4	清水墙水平灰缝平直度		—	—	—	—		10	5	拉10m线和尺检查

抽检数量：外墙，按楼层（4m高以内）每20m抽查1处，每处3延长米，但不应少于3处；内墙，按有代表性的自然间抽查10%，但不应少于3间，每间不应少于2处，柱子不应少于5根。

2. 石砌体的组砌形式应符合下列规定：

(1) 内外搭砌，上下错缝，拉结石、丁砌石交错设置；

(2) 毛石墙拉结石每 0.7m² 墙面不应少于 1 块。

检查数量：外墙，按楼层(或 4m 高以内)每 20m 抽查 1 处，每处 3 延长米，但不应少于 3 处；内墙，按有代表性的自然间抽查 10%，但不应少于 3 间。

检验方法：观察检查。

5 配筋砌体工程

5-1 配筋砖砌体

配筋砖砌体分有网状配筋砖砌体、组合砖砌体。组合砖砌体又分有砖砌体和钢筋混凝土面层或钢筋砂浆面层组合砌体、砖砌体和钢筋混凝土构造柱组合墙。

5-1-1 网状配筋砖砌体

网状配筋砖砌体是在烧结普通砖砌体的水平灰缝配置钢筋网，分有网状配筋柱、网状配筋墙(图5-1)。

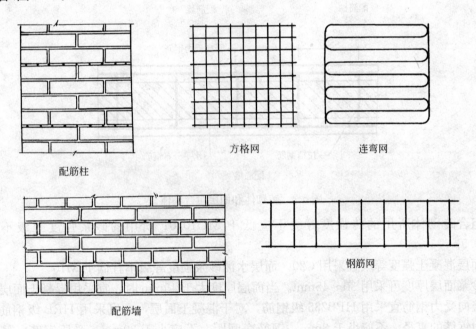

图5-1 网状配筋砖砌体

网状配筋砖砌体所用的砖强度等级不应低于MU10.0；所用的砂浆强度等级不应低于M7.5。

钢筋网可采用方格网或连弯网。钢筋的直径宜采用3～4mm；当采用连弯网时，钢筋的直径不应大于8mm。钢筋网中钢筋的间距，不应大于120mm，并不应小于30mm。钢筋网的竖向间距，不应大于五皮砖，并不应大于400mm。当采用连弯网时，钢筋网的竖向间距应取同一方向网的间距。

钢筋网应设置在砖砌体的水平灰缝中，灰缝厚度应保证钢筋上下至少各有2mm厚的砂浆保护层。

网状配筋砖砌体砌筑时，应随着砖砌体砌高，按规定的竖向间距，在水平灰缝中放置钢筋网。当采用连弯钢筋网时，网的钢筋方向应互相垂直沿砌体高度交错设置。

5-1-2 砖砌体和钢筋混凝土面层或钢筋砂浆面层组合砌体

砖砌体和钢筋混凝土面层或钢筋砂浆面层组合砌体分有组合砖柱、组合砖垛、组合砖墙。组合砖柱中配有纵向受力钢筋、钢箍。组合砖垛中配有纵向受力钢筋、钢箍、拉结钢筋。组合砖墙中配有纵向受力钢筋、水平分布钢筋、拉结钢筋(图 5-2)。

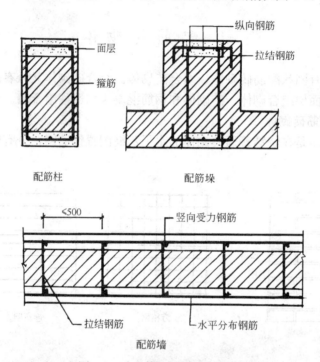

图 5-2 砖砌体和面层组合砌体

组合砖砌体所用的砖强度等级不应低于 MU10.0；所用的砂浆强度等级不宜低于 M7.5。

面层混凝土强度等级宜采用 C20。面层水泥砂浆强度等级不宜低于 M10。

砂浆面层厚度可采用 30～45mm。当面层厚度大于 45mm 时，宜采用混凝土面层。

竖向受力钢筋宜采用 HPB235 级钢筋，对于混凝土面层，亦可采用 HRB 级钢筋。竖向受力钢筋的直径，不应小于 8mm，钢筋净间距，不应小于 30mm。受压钢筋一侧的配筋率，对砂浆面层，不宜小于 0.1%；对混凝土面层，不宜小于 0.2%。受拉钢筋一侧的配筋率，不应小于 0.1%。

箍筋宜采用 HPB235 级钢筋。箍筋的直径，不宜小于 4mm 及 0.2 倍的受压钢筋直径，并不宜大于 6mm。箍筋的间距，不应大于 20 倍受压钢筋的直径及 500mm，并不应小于 120mm。

水平分布钢筋宜采用 HPB235 级钢筋。水平分布钢筋的直径，不宜小于 8mm。水平分布钢筋的竖向间距不应大于 500mm。

拉结钢筋宜采用 HPB235 级钢筋。拉结钢筋的直径宜采用 6mm。组合砖垛中拉结钢筋的竖向间距同箍筋竖向间距；组合砖墙中拉结钢筋的水平间距不应大于 500mm。

竖向受力钢筋的混凝土保护层厚度，不应小于表 5-1 的规定。竖向受力钢筋距砖砌体表面的距离不应小于 5mm。

混凝土保护层最小厚度（mm） 表 5-1

砌体类别	环境条件	室内正常环境	露天或室内潮湿环境
墙		15	25
柱		25	35

注：当面层为水泥砂浆时，对于柱，保护层厚度可减小 5mm。

组合砖砌体砌筑时，应随着砖砌体砌高，按规定的竖向间距，在水平灰缝中放置箍筋、拉结筋。砖砌体砌完后，绑扎竖向受力钢筋、水平分布钢筋。用水浇湿砖砌体面（靠面层一侧），支设模板，再分层浇筑混凝土或砂浆面层。待混凝土强度或砂浆强度达到设计强度的 30% 以上，方可拆除模板。

5-1-3 砖砌体和钢筋混凝土构造柱组合墙

砖砌体和钢筋混凝土构造柱组合墙是普通砖墙与钢筋混凝土构造柱相组合。构造柱设在纵横墙交接处、墙端部和较大洞口的洞边，其间距不宜大于 4m。各层构造柱应上下对齐（图 5-3）。

砖砌体与构造柱的连接处应砌成马牙槎，并应沿墙高每隔 500mm 设置 2φ6 拉结钢筋，且每边伸入墙内不宜小于 600mm（图 5-4）。

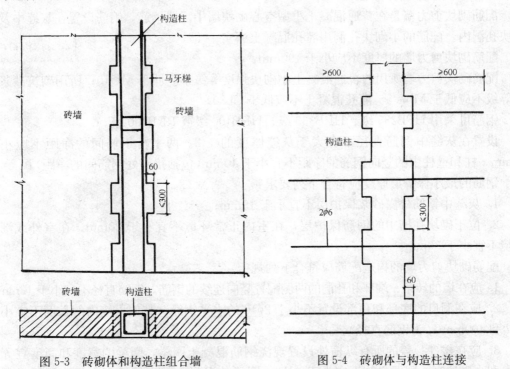

图 5-3 砖砌体和构造柱组合墙　　图 5-4 砖砌体与构造柱连接

砖砌体（砖墙）所用的砖强度等级不应低于 MU10.0；所用的砂浆强度等级不应低于 M5。砌体厚度不应小于 240mm。

构造柱的截面尺寸不宜小于240mm×240mm，其厚度不应小于墙厚，边柱、角柱的截面宽度宜适当加大。构造柱内竖向钢筋，对于中柱，不宜少于4ϕ12；对于边柱、角柱，不宜少于4ϕ14。构造柱的竖向受力钢筋的直径也不宜大于16mm。其箍筋，一般部位宜采用ϕ6，间距200mm；楼层上下500mm范围内宜采用ϕ6，间距100mm。构造柱的竖向受力钢筋应在基础梁和楼层圈梁中锚固，并应符合受拉钢筋的锚固要求。

构造柱的混凝土强度等级不宜低于C20。

构造柱内竖向受力钢筋的混凝土保护层厚度：对于室内正常环境，不小于25mm；对于室内潮湿环境或露天，不小于35mm。

组合砖墙的施工程序应为先砌墙后浇钢筋混凝土构造柱。

构造柱浇灌混凝土前，必须将砖墙留槎部位和模板浇水湿润，将模板内的落地灰、砖渣和其他杂物清理干净，并在结合处注入适量与构造柱混凝土相同的去石水泥砂浆。混凝土应分层浇灌振捣密实，宜用插入式混凝土振动器进行振捣，每层浇灌厚度不应超过振动棒作用部分长度的1.25倍。振捣时，应避免振动棒触及墙体，严禁通过墙体传振。待构造柱混凝土强度达到其设计强度30%以上，方可拆除模板。

5-2 配筋砌块砌体

配筋砌块砌体分有配筋砌块剪力墙、配筋砌块柱。

5-2-1 配筋砌块剪力墙

配筋砌块剪力墙是在普通混凝土小型空心砌块墙中配置钢筋，钢筋设置在灰缝中及小砌块孔洞内。配筋的小砌块孔洞用灌孔混凝土灌实。

配筋砌块剪力墙的厚度不应小于190mm。

配筋砌块剪力墙所用的普通混凝土小砌块强度等级不应低于MU10；所用砌筑砂浆强度等级不应低于Mb7.5。灌孔混凝土不应低于Cb20。

钢筋可采用HPB235级、HRB335级、HRB400级或RRB400级。

设置在灰缝中钢筋直径不宜大于灰缝厚度的1/2。两平行钢筋间的净距不应小于25mm。柱和壁柱中的竖向钢筋的净距不宜小于40mm（包括接头处钢筋间的净距）。

钢筋的最小保护层厚度应符合下列要求：

1. 灰缝中钢筋外露砂浆保护层不宜小于15mm；
2. 位于砌块孔槽中的钢筋保护层，在室内正常环境不宜小于20mm；在室外或潮湿环境不宜小于30mm。

配筋砌块剪力墙的构造配筋应符合下列规定：

1. 应在墙的转角、端部和孔洞的两侧配置竖向连续的钢筋，钢筋直径不宜小于12mm。
2. 应在洞口的底部和顶部设置不小于2ϕ10的水平钢筋，其伸入墙内的长度不宜小于35d和400mm（d为钢筋直径）。
3. 应在楼（屋）盖的所有纵横处设置现浇钢筋混凝土圈梁，圈梁的宽度和高度宜等于墙厚和小砌块高，圈梁主筋不应少于4ϕ10，圈梁的混凝土强度等级不宜低于同层混凝土小砌块强度等级的2倍，或该层灌孔混凝土的强度等级，也不应低于C20。
4. 剪力墙其他部位的竖向和水平钢筋的间距不应大于墙长、墙高之半，也不应大于

1200mm。对局部灌孔的砌体，竖向钢筋的间距不应大于600mm。

5. 剪力墙沿竖向和水平方向的构造配筋率均不宜小于0.07%。

当在剪力墙墙端设置混凝土柱时，应符合下列规定：

1. 柱的截面宽度宜等于墙厚，柱的截面长度宜为1～2倍的墙厚，并不应小于200mm；

2. 柱的混凝土强度等级不宜低于该墙体小砌块强度等级的2倍，或该墙体灌孔混凝土的强度等级，也不应低于C20；

3. 柱的竖向钢筋不宜小于4φ12，箍筋宜为φ6，间距200mm；

4. 墙体中的水平钢筋应在柱中锚固，并应满足钢筋的锚固要求；

5. 柱的施工顺序宜为先砌小砌块墙体，后浇捣混凝土。

5-2-2 配筋砌块柱

配筋砌块柱是在普通混凝土小型空心砌块柱中配置钢筋，纵向钢筋置于小砌块孔洞内，箍筋置于水平灰缝中。配筋的小砌块孔洞用灌孔混凝土灌实（图5-5）。

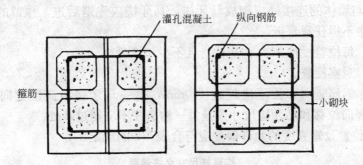

图5-5 配筋砌块柱截面

配筋砌块柱截面边长不应小于390mm×390mm，柱高度与截面短边之比不宜大于30。

配筋砌块柱所用的普通混凝土小砌块强度等级不应低于MU10；所用的砌筑砂浆强度等级不应低于Mb7.5；灌孔混凝土不应低于Cb20。

纵向钢筋可采用HPB235级、HRB335级、HRB400级；箍筋宜采用HPB235级。

纵向钢筋的直径不宜小于12mm，数量不应少于4根，全部纵向受力钢筋的配筋率不宜小于0.2%。

配筋砌块柱中箍筋的设置应根据下列情况确定：

1. 当纵向钢筋的配筋率大于0.25%，且柱承受的轴向力大于受压承载力设计值的25%时，柱应设箍筋；当配筋率等于或小于0.25%时，或柱承受的轴向力小于受压承载力设计值的25%时，柱中可不设置箍筋；

2. 箍筋直径不宜小于6mm；

3. 箍筋的间距不应大于16倍的纵向钢筋直径、48倍箍筋直径及柱截面短边尺寸中较小者；

4. 箍筋应封闭，端部应做弯钩；

5. 箍筋应设置在水平灰缝及灌孔混凝土中。

5-3 配筋砌体工程质量

配筋砌体工程质量是指配筋砖砌体、配筋砌块砌体工程质量。

配筋砌体工程检验批验收时,其主控项目应全部符合规定;一般项目应有80%及以上的抽检处符合规定,或偏差值在允许偏差范围以内。

5-3-1 配筋砌体工程主控项目

1. 钢筋的品种、规格和数量应符合设计要求。

检验方法:检查钢筋的合格证书、钢筋性能试验报告、隐蔽工程记录。

2. 构造柱、芯柱、组合砌体构件、配筋砌体剪力墙构件的混凝土或砂浆的强度等级应符合设计要求。

抽检数量:各类构件每一检验批砌体至少应做一组试块。

检验方法:检查混凝土或砂浆试块试验报告。

3. 构造柱与墙体的连接处应砌成马牙槎,马牙槎应先退后进,预留的拉结钢筋应位置正确,施工中不得任意弯折。

抽检数量:每检验批抽20%构造柱,且不少于3处。

检验方法:观察检查。

合格标准:钢筋竖向移位不应超过100mm,每一马牙槎沿高度方向尺寸不应超过300mm。钢筋竖向位移和马牙槎尺寸偏差每一构造柱不应超过2处。

4. 构造柱位置及垂直度的允许偏差应符合表5-2的规定。

构造柱尺寸允许偏差　　　　　　　　表5-2

项次	项　目			允许偏差(mm)	抽　检　方　法
1	柱中心线位置			10	用经纬仪和尺检查或用其他测量仪器检查
2	柱层间错位			8	用经纬仪和尺检查或用其他测量仪器检查
3	柱垂直度	每　层		10	用2m托线板检查
		全高	≤10m	15	用经纬仪、吊线和尺检查,或用其他测量仪器检查
			>10m	20	

抽检数量:每检验批抽10%,且不应少于5处。

5. 对配筋混凝土小型空心砌块砌体,芯柱混凝土应在装配式楼盖处贯通,不得削弱芯柱截面尺寸。

抽检数量:每检验批抽10%,且不应少于5处。

检验方法:观察检查。

5-3-2 配筋砌体工程一般项目

1. 设置在砌体水平灰缝内的钢筋,应居中置于灰缝中。水平灰缝厚度应大于钢筋直径4mm以上。砌体外露面砂浆保护层的厚度不应小于15mm。

抽检数量:每检验批抽检3个构件,每个构件检查3处。

检验方法:观察检查,辅以钢尺检测。

2. 设置在潮湿环境或有化学侵蚀性介质的环境中的砌体灰缝内钢筋应采取防腐措施。

抽检数量：每检验批抽检10%的钢筋。

检验方法：观察检查。

合格标准：防腐涂料无漏刷（喷浸），无起皮脱落现象。

3. 网状配筋砌体中，钢筋网及放置间距应符合设计规定。

抽检数量：每检验批抽10%，且不应少于5处。

检验方法：钢筋规格检查钢筋网成品，钢筋网放置间距局部剔缝观察，或用探针刺入灰缝内检查，或用钢筋位置测定仪测定。

合格标准：钢筋网沿砌体高度位置超过设计规定一皮砖厚不得多于1处。

4. 组合砖砌体构件，竖向受力钢筋保护层应符合设计要求，距砖砌体表面距离不应小于5mm；拉结筋两端应设弯钩，拉结筋及箍筋的位置应正确。

抽检数量：每检验批抽检10%，且不应少于5处。

检验方法：支模前观察与尺量检查。

合格标准：钢筋保护层符合设计要求；拉结筋位置及弯钩设置80%及以上符合要求，箍筋间距超过规定者，每件不得多于2处，且每处不得超过一皮砖。

5. 配筋砌块砌体剪力墙中，采用搭接接头的受力钢筋搭接长度不应小于$35d$，且不应少于300mm。

抽检数量：每检验批每类构件抽20%（墙、柱、连梁），且不应少于3件。

检验方法：尺量检查。

6 加气混凝土砌块砌体工程

6-1 砌筑用加气混凝土砌块

加气混凝土砌块是以水泥、石灰、炉渣、粉煤灰、加气剂等材料,经搅拌、浇注成型、预制而成。适用于作民用与工业建筑墙体和绝热。

加气混凝土砌块的规格尺寸见表 6-1。

加气混凝土砌块的规格尺寸(mm)　　　　　表 6-1

砌块公称尺寸			砌块制作尺寸		
长度 L	宽度 B	高度 H	长度 L_1	宽度 B_1	高度 H_1
600	100	200	$L-10$	B	$H-10$
	125				
	150				
	200				
	250	250			
	300				
	120	300			
	180				
	240				

加气混凝土砌块按抗压强度分有 A1.0、A2.0、A2.5、A3.5、A5.0、A7.5、A10 七个强度级别。

加气混凝土砌块按体积密度分有 B03、B04、B05、B06、B07、B08 六个体积密度级别。

加气混凝土砌块按尺寸允许偏差与外观质量、抗压强度和体积密度分为:优等品、一等品、合格品。

砌块尺寸允许偏差应符合表 6-2 的规定。

加气混凝土砌块尺寸允许偏差(mm)　　　　　表 6-2

项　目	优　等　品	一　等　品	合　格　品
长度 L_1	±3	±4	±5
宽度 B_1	±2	±3	+3, −4
高度 H_1	±2	±3	+3, −4

加气混凝土砌块外观质量应符合表 6-3 的规定。

加气混凝土砌块外观质量(mm)　　　　　　表 6-3

项 目			优等品	一等品	合格品
缺棱掉角	个数	不多于	0	1	2
	最大尺寸	不得大于	0	70	70
	最小尺寸	不得大于	0	30	30
平面弯曲		不得大于	0	3	5
裂 纹	条数	不多于	0	1	2
	任一面上的裂纹长度不得大于裂纹方向尺寸的		0	1/3	1/2
	贯穿一棱二面的裂纹长度不得大于裂纹所在面的裂纹方向尺寸总和的		0	1/3	1/3
爆裂、粘模和损坏深度		不得大于	10	20	30
表面疏松、层裂			不 允 许		
表面油污			不 允 许		

加气混凝土的抗压强度应符合表 6-4 的规定。

加气混凝土砌块抗压强度(MPa)　　　　　　表 6-4

强度级别	立 方 体 抗 压 强 度	
	15块平均值不小于	单块最小值不小于
A1.0	1.0	0.8
A2.0	2.0	1.6
A2.5	2.5	2.0
A3.5	3.5	2.8
A5.0	5.0	4.0
A7.5	7.5	6.0
A10.0	10.0	8.0

加气混凝土砌块的强度级别应符合表 6-5 的规定。

加气混凝土砌块强度级别　　　　　　表 6-5

体积密度级别		B03	B04	B05	B06	B07	B08
强度级别	优等品			A3.5	A5.0	A7.5	A10.0
	一等品	A1.0	A2.0	A3.5	A5.0	A7.5	A10.0
	合格品			A2.5	A3.5	A5.0	A7.5

加气混凝土的干体积密度应符合表 6-6 的规定。

加气混凝土砌块的干体积密度(kg/m³)　　　　　　表 6-6

体积密度级别		B03	B04	B05	B06	B07	B08
体积密度	优等品≤	300	400	500	600	700	800
	一等品≤	330	430	530	630	730	830
	合格品≤	350	450	550	650	750	850

加气混凝土砌块的干燥收缩、抗冻性和导热系数(干态)应符合表6-7的规定。

加气混凝土砌块干燥收缩、抗冻性和导热系数　　　表6-7

体积密度级别			B03	B04	B05	B06	B07	B08
干燥收缩值	标准法≤	mm/m	0.50					
	快速法≤		0.80					
抗冻性	质量损失(%)	≤	5.00					
	冻后强度(MPa)	≥	0.8	1.6	2.0	2.8	4.0	6.0
导热系数(干态)[W/(m·K)]		≤	0.10	0.12	0.14	0.16	—	—

注：用于墙体的砌块，允许不测导热系数。

6-2　加气混凝土砌块砌体构造

加气混凝土砌块可砌筑墙体。

加气混凝土砌块墙有单层墙和双层墙。单层墙的厚度等于砌块的高度；双层墙的厚度等于两个砌块高度加上空气层的厚度，双层墙的两片墙之间应用 $\phi4\sim\phi6$ 钢筋扒钉拉结，钢筋扒钉置于水平灰缝中，其水平间距不应大于600mm，其垂直间距不应大于500mm（图6-1）。

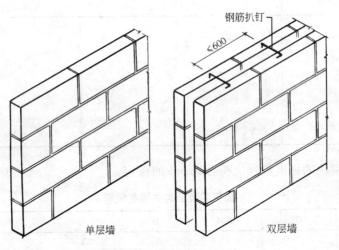

图6-1　加气混凝土砌块墙

加气混凝土砌块墙的砌块排列，应事先进行设计，务必使上下皮砌块的竖向灰缝互相错开1/3砌块长度以上。

承重体系的外墙转角及交接处，应在砌块墙的水平灰缝中配置3ϕ6拉结钢筋，拉结钢筋伸入墙内长度不应小于1000mm，拉结钢筋沿墙高间距不应大于1000mm（图6-2）。

外墙与隔墙交接处以及隔墙转角处，应在水平灰缝中配置2ϕ6拉结钢筋，拉结钢筋伸入墙内长度不应小于700mm，拉结钢筋沿墙高间距不应大于1000mm（图6-3）。

砌块墙的窗洞口下方一皮砌块的水平灰缝中应配置3ϕ6钢筋，钢筋两端伸过窗洞侧边应不少于500mm（图6-4）。

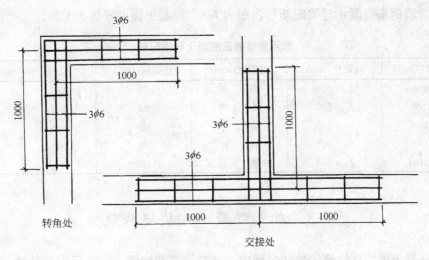

图 6-2 砌块墙转角处及交接处拉结钢筋

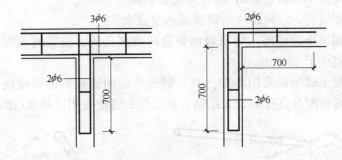

图 6-3 隔墙交接处及转角处拉结钢筋

非承重墙门窗洞口上边应配置钢筋过梁或钢筋混凝土过梁。钢筋过梁配筋：当洞口净宽为 600~1000mm 时，配 2φ8 钢筋；当洞口净宽为 1200~1500mm 时，配 3φ8 钢筋，钢筋两端应伸入墙内不少于 500mm，钢筋过梁的砂浆保护层应用 1:2.5 水泥砂浆，厚度为 30mm（图 6-5）。

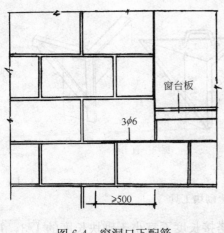

图 6-4 窗洞口下配筋

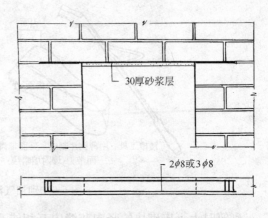

图 6-5 非承重墙门窗洞口钢筋过梁

非承重墙钢筋混凝土过梁配筋可参照表6-8。混凝土强度等级为C20。

非承重墙钢筋混凝土过梁配筋 表6-8

门窗洞宽 L_0(mm)	过梁长(mm)	过梁宽(mm)	过梁高(mm)	主　筋	分布筋
600～900	L_0+500	墙　厚	60	2ϕ6	5ϕ4
900～1200	L_0+500	墙　厚	60	2ϕ8	5ϕ4
1200～1500	L_0+500	墙　厚	120	2ϕ8	8ϕ4
1500～1800	L_0+500	墙　厚	120	2ϕ10	9ϕ4
1800～2100	L_0+500	墙　厚	120	2ϕ10	10ϕ4

6-3　加气混凝土砌块墙砌筑

加气混凝土砌块在运输、装卸过程中，严禁抛掷和倾倒，进场后应按品种、规格分别堆放整齐，堆置高度不宜超过2m，堆垛应防止雨淋。

加气混凝土砌筑前，应向砌块的砌筑面适量浇水。

加气混凝土砌块墙的底部，应用烧结普通砖或多孔砖、或普通混凝土小砌块砌筑墙垫，墙垫高度不宜小于200mm。

砌筑加气混凝土砌块应采用专用工具，铺砂浆应用铺灰铲；锯砌块应用刀锯及平直架；钻孔应用手摇钻配合直孔钻、大孔钻、扩孔钻；镂槽应用镂槽器(图6-6)。

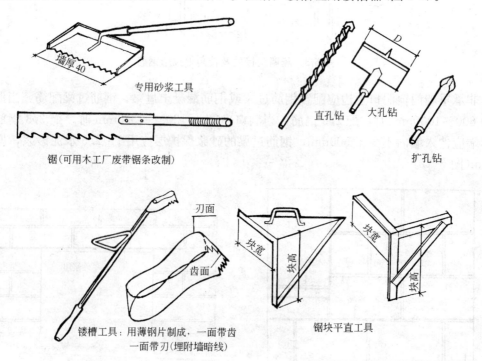

图6-6　砌加气混凝土砌块工具

砌筑时上下皮砌块的竖向灰缝应互相错开，搭接长度不宜小于砌块长度的1/3，并不小于200mm。如不能满足时，应在水平灰缝中设置2φ6钢筋或φ4钢筋网片加强，加强筋长度不应小于500mm(图6-7)。

加气混凝土砌块墙与承重墙或柱交接处，应沿墙高1m左右设置2φ6拉结钢筋，拉结钢筋应事先在承重墙或柱中预埋，拉结钢筋伸入砌块墙水平灰缝中的长度不得小于500mm(图6-8)。

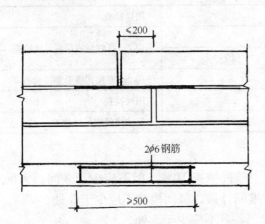 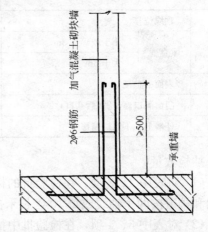

图6-7 加气混凝土砌块墙水平灰缝中加强筋　　图6-8 加气混凝土砌块墙与承重墙拉结

加气混凝土砌块墙的转角处，应使纵、横墙端头砌块隔皮露头。加气混凝土砌块墙交接处，应使横墙端头砌块隔皮露头，并坐中了纵墙下皮砌块(图6-9)。

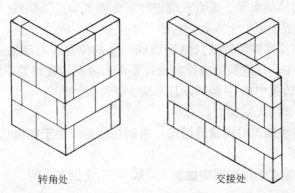

图6-9 加气混凝土砌块墙转角处及交接处砌法

加气混凝土砌块墙上不得留设脚手眼。

6-4 加气混凝土砌块砌体工程质量

加气混凝土砌块砌体工程质量分为合格和不合格。

加气混凝土砌块砌体工程质量合格标准：检验批验收时，其主控项目应全部符合规定；一般项目应有80％及以上的抽检处符合规定，或偏差值在允许偏差范围内。

6-4-1 加气混凝土砌块砌体工程主控项目

砌块和砌筑砂浆的强度等级应符合设计要求。

检验方法：检查砌块的产品合格证、产品性能检测报告和砂浆试块试验报告。

6-4-2 加气混凝土砌块砌体工程一般项目

1. 加气混凝土砌块墙一般尺寸的允许偏差应符合表6-9的规定。

加气混凝土砌块墙一般尺寸允许偏差　　　　表6-9

项次	项 目		允许偏差(mm)	检 验 方 法
1	轴线位移		10	用尺检查
	垂直度	小于或等于3m	5	用2m托线板或吊线、尺检查
		大于3m	10	
2	表面平整度		8	用2m靠尺和楔形塞尺检查
3	门窗洞口高、宽(后塞口)		±5	用尺检查
4	外墙上、下窗口偏移		20	用经纬仪或吊线检查

抽检数量：

(1) 对表中1、2项，在检验批的标准间中随机抽查10%，但不应少于3间；大面积房间和楼道按两个轴线或每10延长米按一标准间计数。每间检验不应少于3处。

(2) 对表中3、4项，在检验批中抽检10%，且不应少于5处。

2. 加气混凝土砌块砌体不应与其他块材混砌。

抽检数量：在检验批中抽检20%，且不应少于5处。

检验方法：外观检查。

3. 加气混凝土砌体的水平、垂直灰缝的砂浆饱满度均应≥80%。

抽检数量：每步架子不少于3处，且每处不应少于3块。

4. 加气混凝土砌块砌体留置的拉结钢筋或网片的位置应与砌块皮数相符合。拉结钢筋或网片应置于灰缝中，埋置长度应符合设计要求，竖向位置偏差不应超过一皮高度。

抽检数量：在检验批中抽检20%，且不应少于5处。

检验方法：观察和用尺量检查。

5. 加气混凝土砌块砌筑时应错缝搭砌，搭砌长度不应小于砌块长度的1/3；竖向通缝不应大于2皮砌块。

抽检数量：在检验批的标准间中抽查10%，且不应少于3间。

检验方法：观察和用尺检查。

6. 加气混凝土砌块的灰缝厚度和宽度应正确。水平灰缝厚度宜为15mm，竖向灰缝宽度宜为20mm。

抽检数量：在检验批的标准间中抽查10%，且不应少于3间。

检验方法：用尺量5皮砌块高度和2m砌体长度折算。

7. 加气混凝土砌块砌至接近梁、板底时，应留一定空隙，待砌块砌筑完并应至少间隔7d后，再将其补砌挤紧。

抽检数量：每检验批抽10%墙片(每两柱间的填充墙为一墙片)，且不应少于3片墙。

检验方法：观察检查。

7 砌体工程冬期施工

当室外日平均气温连续 5d 稳定低于 5℃时，砌体工程应采取冬期施工措施。气温根据当地气象资料确定。冬期施工期限以外，当日最低气温低于 0℃时，也应采取冬期施工措施。

7-1 冬期施工一般规定

冬期施工所用材料应符合下列规定：
1. 普通砖、多孔砖、空心砖、灰砂砖、混凝土小型空心砌块、加气混凝土砌块和石材在砌筑前，应清除表面污物、冰雪等，不得使用遭水浸和受冻后的砖或砌块。
2. 砂浆宜优先采用普通硅酸盐水泥拌制。冬期砌筑不得使用无水泥拌制的砂浆。
3. 石灰膏、粘土膏或电石膏等宜保温防冻，当遭冻结时，应经融化后方可使用。
4. 拌制砂浆所用的砂，不得含有直径大于 10mm 的冻结块或冰块。
5. 拌合砂浆时，水的温度不得超过 80℃，砂的温度不得超过 40℃，砂浆稠度宜较常温适当增大。

冬期施工的砖砌体，应采用"三一"砌砖法施工，灰缝厚度不应超过 10mm。

冬期施工中，每日砌筑后，应及时在砌体表面进行保护性覆盖，砌体表面不得留有砂浆。在继续砌筑前，应扫净砌体表面。

普通砖、多孔砖和空心砖在气温高于 0℃条件下砌筑时，应浇水湿润。在气温低于或等于 0℃条件下砌筑时，可不浇水，但必须增大砂浆稠度。抗震设防烈度为 9 度的建筑物，普通砖、多孔砖和空心砖无法浇水湿润时，如无特殊措施，不得砌筑。

砂浆试块的留置，除应按常温规定要求外，尚应增设不少于两组与砌体同条件养护的试块，分别用于检验各龄期强度和转入常温的砂浆强度。

7-2 砌体工程冬期施工法

砌体工程冬期施工可采用外加剂法、冻结法或暖棚法。应优先选用外加剂法，对绝缘、装饰等有特殊要求的工程，可采用其他方法。

7-2-1 外加剂法

外加剂法是使用氯盐或亚硝酸钠等盐类外加剂拌制砂浆。

氯盐应以氯化钠为主。当气温低于 −15℃时，也可与氯化钙复合使用。氯盐掺量应按表 7-1 选用。

外加剂溶液应设专人配制，并应先配制成规定的浓度溶液置于专用容器中，然后再按规定加入搅拌机中拌制成所需砂浆。如在氯盐砂浆中掺加微沫剂时，应先加氯盐溶液后加微沫剂。

氯盐外加剂掺量(占用水重量%) 表7-1

氯盐及砌体材料种类			日最低气温(℃)			
			≥-10	-11～-15	-16～-20	-21～-25
单盐	氯化钠	砖、砌块	3	5	7	—
		毛石、料石	4	7	10	—
复盐	氯化钠	砖、砌块	—	—	5	7
	氯化钙		—	—	2	3

注：掺盐量以无水盐计。

砌筑时砂浆温度不应低于5℃。当设计无要求，且最低气温等于或低于-15℃时，砌筑承重砌体的砂浆强度等级应按常温施工时提高1级。

采用氯盐砂浆时，砌体中配置的钢筋及钢预埋件，应预先做好防腐处理。

氯盐砂浆砌体施工时，每日砌筑高度不宜超过1.2m。墙体留置的洞口，其侧边距交接处墙面不应小于500mm。

氯盐砂浆砌筑的砌体不得在下列情况下采用：

1. 对装饰工程有特殊要求的建筑物；
2. 使用湿度大于80%的建筑物；
3. 配筋、钢埋件无可靠的防腐处理措施的砌体；
4. 接近高压电线的建筑物(如变电所、发电站等)；
5. 经常处于地下水位变化范围内，以及在地下未设防水层的结构。

7-2-2 冻结法

冻结法是采用水泥砂浆进行砌筑，砌筑完毕后，允许砌体冻结的施工方法。

采用冻结法砌筑时，砂浆使用最低温度应符合表7-2的规定。

冻结法砌筑时砂浆最低温度 表7-2

室外空气温度(℃)	砂浆最低温度(℃)	室外空气温度(℃)	砂浆最低温度(℃)
0～-10	10	低于-25	20
-11～-25	15		

当设计无要求，且日最低气温高于-25℃时，砌筑承重砌体的砂浆强度等级应较常温施工提高1级；当日最低气温等于或低于-25℃时，应提高2级。砂浆强度等级不得小于M2.5，重要结构其强度等级不得小于M5。

采用冻结法施工，宜采取下列构造措施：

1. 在楼板水平面位置墙的转角、交接和交叉处应配置拉结筋，并按墙厚计算，每120mm配1φ6，其伸入相邻墙内的长度不得小于1m。在拉结筋末端应设置弯钩。

2. 每一层楼的砌体砌筑完毕后，应及时吊装(或捣制)梁、板，并应采取适当的锚固措施。

3. 采用冻结法砌筑的墙，与已经沉降的墙体交接处，应留沉降缝。

为保证砌体在解冻期间的稳定性和均匀沉降，施工操作时应遵守下列规定：

1. 施工应按水平分段进行，工作段宜划在变形缝处。每日的砌筑高度及临时间断处的高度差，均不得大于 1.2m。

2. 对未安装楼板或屋面板的墙体，特别是山墙，应及时采取临时加固措施，以保证墙体稳定。

3. 跨度大于 0.7m 的过梁，宜采用预制构件。跨度较大的梁、悬挑结构，在砌体解冻前应在下面设置临时支撑，当砌体强度达到设计值的 80% 时，方可拆除临时支撑。

4. 在门窗框上部应留出缝隙，其宽度在砖砌体中不应小于 5mm，在料石砌体中不应小于 3mm。

5. 留置在砌体中的洞口和沟槽等，宜在解冻前填砌完毕。

6. 砌筑完的砌体在解冻后，应清除房屋中剩余的建筑材料等临时荷载。

在冻结法施工的解冻期间，应经常对砌体进行观测和检查，如发现裂缝、不均匀下沉等情况，应立即采取加固措施。

下列砌体不得采用冻结法施工：

1. 砖空斗墙；
2. 毛石砌体；
3. 混凝土小型空心砌块砌体；
4. 砖薄壳、双曲砖拱、筒式拱及承受侧压力的砌体；
5. 在解冻期间可能受到振动或其他动力荷载的砌体；
6. 在解冻时，砌体不允许产生沉降的结构。

7-2-3 暖棚法

暖棚法是将被养护的砌体置于搭设的棚中，内部设置散热器、排管、电热器或火炉等加热棚内空气，使砌体处于正温环境下养护的方法。

暖棚法适用于地下工程、基础工程以及量小又急需砌筑使用的砌体结构。

采用暖棚法施工时，砖石、砌块和砂浆在砌筑时的温度不应低于 5℃，而距离所砌的结构底面 0.5m 处的棚内温度也不应低于 5℃。

砌体在暖棚内的养护时间，根据暖棚内的温度，应按表 7-3 确定。

暖棚法砌体养护时间　　　　　　　　表 7-3

暖棚内温度(℃)	5	10	15	20
养护时间(d)	≥6	≥5	≥4	≥3

8 砌体工程质量验收

8-1 砌体工程分部分项

建筑工程划分为9个分部工程，计有地基与基础工程；主体结构工程；建筑装饰装修工程；建筑屋面工程；建筑给水、排水及采暖工程；建筑电气工程；智能建筑工程；通风与空调工程；电梯工程。

每个分部工程又分为若干个子分部工程。例如：主体结构分部工程中分有混凝土结构、劲钢（管）混凝土结构、砌体结构、钢结构、木结构、网架和索膜结构等六个子分部工程。

每个子分部工程又分为若干个分项工程，例如：砌体结构子分部工程中分有砖砌体、混凝土小型空心砌块砌体、石砌体、填充墙砌体、配筋砖砌体等五个分项工程。其中填充墙砌体包括空心砖砌体、轻骨料混凝土小型空心砌块砌体、加气混凝土砌块砌体。

8-2 砌体工程质量合格标准

砌体工程质量验收应划分为子分部工程、分项工程和检验批。

子分部工程可按材料种类、施工特点、施工程序、专业系统及类别等划分。

分项工程应按主要工种、材料、施工工艺、设备类别等进行划分。

分项工程可由一个或若干检验批组成，检验批可根据施工及质量控制和专业验收需要按楼层、施工段、变形缝等进行划分。

检验批合格质量应符合下列规定：

1. 主控项目和一般项目的质量经抽样检验合格。
2. 具有完整的施工操作依据、质量检查记录。

分项工程质量验收合格应符合下列规定：

1. 分项工程所含的检验批均应符合合格质量的规定。
2. 分项工程所含的检验批的质量验收记录应完整。

子分部工程质量验收合格应符合下列规定：

1. 子分部工程所含分项工程的质量均应验收合格。
2. 质量控制资料应完整。
3. 有关安全及功能的检验和抽样检测结果应符合有关规定。
4. 观感质量验收应符合要求。

8-3 砌体工程质量验收程序和组织

8-3-1 检验批质量验收

检验批质量应由监理工程师(建设单位项目专业技术负责人)组织施工单位项目专业质量(技术)检查员等进行验收。

检验批质量验收记录由施工项目专业质量检查员填写,监理工程师(建设单位项目专业技术负责人)签署验收结论。

检验批质量验收记录如下:

检验批质量验收记录

工程名称		分项工程名称		验收部位	
施工单位			专业工长	项目经理	
施工执行标准名称及编号					
分包单位		分包项目经理		施工班组长	
	质量验收规范的规定		施工单位检查评定记录		监理(建设)单位验收记录
主控项目	1				
	2				
	3				
	4				
	5				
	6				
	7				
	8				
	9				
一般项目	1				
	2				
	3				
	4				
施工单位检查结果评定	项目专业质量检查员: 年 月 日				
监理(建设)单位验收结论	监理工程师 (建设单位项目专业技术负责人) 年 月 日				

8-3-2 分项工程质量验收

分项工程质量应由监理工程师(建设单位项目专业技术负责人)组织施工单位项目专业

质量(技术)负责人等进行验收。

分项工程质量验收记录,由施工单位项目专业负责人填写检查评定结果及检查结论,监理工程师(建设单位项目专业技术负责人)填写验收结论。

分项工程质量验收记录如下:

_____分项工程质量验收记录

工程名称			结构类型		检验批数	
施工单位			项目经理		项目技术负责人	
分包单位			分包单位负责人		分包项目经理	
序号	检验批部位、区段	施工单位检查评定结果		监理(建设)单位验收结论		
1						
2						
3						
4						
5						
6						
7						
8						
9						
10						
11						
12						
13						
14						
15						
16						
17						
检查结论	项目专业技术负责人: 年 月 日		验收结论	监理工程师 (建设单位项目专业技术负责人) 年 月 日		

8-3-3 子分部工程质量验收

砌体工程(子分部工程)验收前,应提供下列文件和记录:

1. 施工执行的技术标准;
2. 原材料的合格证书、产品性能检测报告;
3. 混凝土及砂浆配合比通知单;
4. 混凝土及砂浆试件抗压强度试验报告单;
5. 施工记录;
6. 各检验批的主控项目、一般项目验收记录;

7. 施工质量控制资料;
8. 重大技术问题的处理或修改设计的技术文件;
9. 其他必须提供的资料。

砌体工程质量应由总监理工程师(建设单位项目专业负责人)组织施工单位项目经理和有关勘察、设计单位项目负责人进行验收。

砌体工程验收记录由施工单位填写,各验收单位签署意见。

砌体工程验收记录如下:

砌体工程验收记录

工程名称			结构类型		层 数	
施工单位			技术部门负责人		质量部门负责人	
分包单位			分包单位负责人		分包技术负责人	
序号	分项工程名称	检验批数	施工单位检查评定		验 收 意 见	
1						
2						
3						
4						
5						
6						
质量控制资料						
安全和功能检验(检测)报告						
观感质量验收						
验收单位	分包单位				项目经理　年 月 日	
	施工单位				项目经理　年 月 日	
	勘察单位				项目负责人　年 月 日	
	设计单位				项目负责人　年 月 日	
	监理(建设)单位	总监理工程师(建设单位项目专业负责人)　年 月 日				

当砌体工程质量不符合要求时,应按现行国家标准《建筑工程施工质量统一验收标准》(GB 50300)规定执行。

对有裂缝的砌体应按下列情况进行验收:

1. 对有可能影响结构安全性的砌体裂缝,应由有资质的检测单位检测鉴定,需返修或加固处理的,待返修或加固满足使用要求后进行二次验收;

2. 对不影响结构安全性的砌体裂缝,应予以验收,对明显影响使用功能和观感质量的裂缝,应进行处理。

主要参考文献

1. 中华人民共和国国家标准《砌体工程施工质量验收规范》(GB 50203—2002)
2. 中华人民共和国国家标准《砌体结构设计规范》(GB 50003—2001)
3. 中华人民共和国国家标准《建筑工程施工质量验收统一标准》(GB 50300—2001)
4. 中华人民共和国国家标准《建筑抗震设计规范》(GB 50011—2001)
5. 中华人民共和国国家标准《砌体工程施工及验收规范》(GB 50203—98)
6. 《现行建筑材料规范大全》(增补本). 北京:中国建筑工业出版社,2000 年